U0644464

2022中国乳用种公牛遗传评估概要

Sire Summaries on National Dairy Genetic Evaluation 2022

农业农村部种业管理司
全 国 畜 牧 总 站

中国农业出版社
北 京

编 委 会

主　任　王宗礼

副主任　谢　焱　时建忠　张　沅

委　员　王　杕　厉建萌　王　磊　张桂香　王雅春

刘丑生　陈绍祜　张　毅　李　姣　孙东晓

麻　柱　朱化彬　李建斌　马　毅　张　震

编 写 人 员

主　编　张桂香　王　杕　王雅春

副主编　刘丑生　厉建萌　陈绍祜　张　毅　李　姣

编　者　王雅春　厉建萌　王　磊　刘丑生　张桂香

闫青霞　孙东晓　张　毅　陈绍祜　赵凤茹

李　超　罗艺萌　李广栋　邱小田　段忠意

前　言

实施奶牛群体遗传改良计划对提升牛群遗传水平，改善奶牛健康状况、提高牛群产奶性能、促进奶业可持续发展具有重大意义。种公牛遗传品质直接关系到奶牛群体遗传改良效果。奶业发达国家的经验表明，种公牛对奶牛群体遗传改良的贡献率超过75%。经过多年努力，我国以奶牛生产性能测定、体型鉴定、品种登记、公牛后裔测定、种牛遗传评定等为主要内容，建立了中国乳用种公牛遗传评估体系，为客观评价乳用种公牛遗传品质提供了保障。为宣传和推介优秀种公牛，促进和推动奶牛遗传改良，根据《全国奶牛遗传改良计划（2021—2035年）》的要求，每年公布公牛遗传评估结果。

《2022中国乳用种公牛遗传评估概要》（以下简称《概要》）公布了全国19个种公牛站的1911头种公牛遗传评估结果，其中包括全国13个种公牛站的394头中国荷斯坦牛验证种公牛常规遗传评估结果，全国16个种公牛站的1476头中国荷斯坦牛青年种公牛基因组检测遗传评估结果，以及全国6个种公牛站41头娟姗牛的体型评定结果。此次评估发布的结果中保留了产奶量、乳脂率和乳蛋白率3个性状，同时发布CPI及9个不同性状估计育种值，便于育种者和生产者根据不同的选种目标进行选择。为便于查阅使用，《概要》还分别对9个不同性状估计育种值排名前50名的种公牛进行了重点推介。

此次评估中，生产性能数据来自3149个奶牛场200.5万头奶牛1989.0万条数据；体型数据来自1365个奶牛场34.8万头牛。借鉴国际奶牛育种体系的经验，《中国荷斯坦牛公牛后裔测定技术规程》规定测验公牛需要有足够多的女儿数，且应分布在至少5个省份的20个牛场中，每省份至少3个场。然而，鉴于我国奶牛育种历史短，能完全满足上述女儿数和女儿分布的公牛尚少，设置过渡性公牛后裔成绩筛选条件（验证公牛女儿必须具有合格的头胎产奶性能记录、女儿分布在3个或3个以上省份、且分布总群体数大于等于15个）。本次公布的验证公牛还要求牛只在群或者其冻精依然在售、在用。

《概要》可作为奶牛养殖场科学开展选种选配的重要依据，也可作为相关科研、育种单位选育或评价种公牛的主要技术参考。种公牛遗传评估和《概要》发布得益于农业农村部畜牧兽医局、中国奶业协会、中国农业大学的大力支持，得益于各省级畜牧技术推广机构和种公牛站等单位的全力配合，在此一并表示衷心感谢。由于个别公牛编号变更等原因，《概要》中可能会出现公牛遗传评估结果遗漏或波动，敬请同行专家和广大读者批评、提出意见及建议。

编　者

2022年10月

目　录

前言

1

乳用种公牛
遗传评估说明

1.1 遗传评估方法

1.1.1 常规后裔测定遗传评估

在常规遗传评估中，因性状的不同而采取不同模型的评估方法。

(1) 对于产奶性状和体细胞评分性状　采用多性状随机回归测定日模型（Test-day Model），子模型为 Legendre 多项式拟合回归曲线（Jamrozik 等，2002）。模型如下：

$$\boldsymbol{y} = \boldsymbol{X b} + \sum_{m=0}^{4} \boldsymbol{a}_m \boldsymbol{Z}_m + \boldsymbol{W p} + \boldsymbol{e}$$

式中：$\boldsymbol{y}$——测定日各性状的观测值向量；

$\boldsymbol{b}$——场年季及测定日等固定效应向量；

$\boldsymbol{a}_m$——遗传效应的随机回归系数向量；

$\boldsymbol{p}$——永久环境随机效应系数向量；

$\boldsymbol{e}$——随机残差效应向量；

$\boldsymbol{X}$、$\boldsymbol{Z}_m$、$\boldsymbol{W}$——分别为相应效应的关联矩阵。

模型中随机效应的期望和方差为：

$$E\begin{bmatrix}\boldsymbol{a}\\ \boldsymbol{p}\\ \boldsymbol{e}\end{bmatrix} = \begin{bmatrix}\boldsymbol{0}\\ \boldsymbol{0}\\ \boldsymbol{0}\end{bmatrix} \qquad V\begin{bmatrix}\boldsymbol{a}\\ \boldsymbol{p}\\ \boldsymbol{e}\end{bmatrix} = \begin{pmatrix}\boldsymbol{G}\otimes\boldsymbol{A} & \boldsymbol{0} & \boldsymbol{0}\\ \boldsymbol{0} & \boldsymbol{I}\sigma_p^2 & \boldsymbol{0}\\ \boldsymbol{0} & \boldsymbol{0} & \boldsymbol{R}\end{pmatrix}$$

式中：E——期望；

V——方差；

$\boldsymbol{R}$——随机残差的方差协方差矩阵；

$\boldsymbol{G}$——随机回归系数的遗传方差协方差矩阵，假设对所有动物个体都相同；

$\boldsymbol{A}$——动物个体间分子血缘相关系数矩阵。

(2) 对于体型性状　采用多性状个体动物模型 BLUP 方法。模型如下：

$$\boldsymbol{y} = \boldsymbol{X b} + \boldsymbol{Z a} + \boldsymbol{e}$$

式中：$\boldsymbol{y}$——体型各性状的观测值向量；

$\boldsymbol{b}$——场年季等固定效应向量；

$\boldsymbol{a}$——个体育种值随机向量；

$\boldsymbol{e}$——随机残差效应向量；

$\boldsymbol{X}$、$\boldsymbol{Z}$——相应的关联矩阵。

据此建立的混合模型方程组（MME）如下：

$$\begin{bmatrix}\boldsymbol{X'X} & \boldsymbol{X'Z}\\ \boldsymbol{Z'X} & \boldsymbol{Z'Z}+k\boldsymbol{A}^{-1}\end{bmatrix}\begin{bmatrix}\hat{\boldsymbol{b}}\\ \hat{\boldsymbol{a}}\end{bmatrix} = \begin{bmatrix}\boldsymbol{X'y}\\ \boldsymbol{Z'y}\end{bmatrix} \quad \text{式中：} k = \frac{\sigma_e^2}{\sigma_a^2} = \frac{1-h^2}{h^2}$$

式中：h^2——遗传力，体型总分、泌乳系统评分和肢蹄评分的 h^2 分别为 0.2149、0.1837 和 0.0928。

1.1.2 基因组检测遗传评估

20 世纪 80 年代以来，分子生物学和 DNA 分子标记技术不断发展，以及影响家畜重要性状的大量基因或标记被陆续发现，标记辅助选择（MAS）成为可能。2001 年，Meuwissen 等人提出了基因组选择（GS）方法。基因组选择是 MAS 的一种扩展。Schaeffer（2006）的研究结果显示，实施基因组选择可以节省约奶牛 92% 的育种成本，并显著提高遗传进展。中国荷斯坦牛基因组选择技术在 2012 年开始实际应用，是利用中国农业大学构建的中国荷斯坦牛基因组选择参考群体，对经过基因组检测的青年公牛利用 SNPs 标记数据信息和 GBLUP 方法进行青年公牛育种值估计。计算模型与传统的 BLUP 模型类似，不同之处在于用基因组亲缘关系矩阵（***G*** 阵）替代个体亲缘关系矩阵（***A*** 阵），混合模型方程组为：

$$\begin{bmatrix} X'R^{-1}X & X'R^{-1}Z \\ Z'R^{-1}X & Z'R^{-1}Z+G^{-1} \end{bmatrix} \begin{bmatrix} \hat{b} \\ \hat{a} \end{bmatrix} = \begin{bmatrix} X'R^{-1}y \\ Z'R^{-1}y \end{bmatrix}$$

式中：***G***——个体基因组亲缘关系矩阵，反映个体在基因组中共享同一基因的比例。

1.2 中国奶牛性能指数

中国奶牛性能指数（China Performance Index，CPI）是评价种公牛综合遗传性能的选择指数，利用公牛女儿的生产性能和体型线性鉴定数据，根据测定日模型和 BLUP 方法估计出公牛各性状育种值，分别进行标准化后按照相对育种重要性加权合并，计算得到中国奶牛性能指数。2020 年根据国际惯例和我国实际需要，对 2012 年版的 CPI 指数公式进行了修订。

CPI 指数适用于国内常规评估的既有女儿产奶性状、体细胞评分，又有体型线性鉴定结果的国内后裔测定验证公牛。产奶性状包括乳脂量、乳蛋白量；体型性状包括体型总分、泌乳系统评分和肢蹄评分。2020 年版的 CPI 指数计算公式如下：

$$CPI_{2020} = 4 \times \begin{bmatrix} 25 \times \frac{Fat}{24.6} + 35 \times \frac{Prot}{20.7} - 10 \times \frac{SCS-3}{0.16} \\ +8 \times \frac{Type}{5} + 14 \times \frac{MS}{5} + 8 \times \frac{FL}{5} \end{bmatrix} + 1800$$

式中：*Fat*、*Prot*、*SCS*、*Type*、*MS*、*FL* 分别是乳脂量、乳蛋白量、体细胞评分、体型总分、泌乳系统评分、肢蹄评分性状的估计育种值，分母是相应性状国内估计育种值标准差。

1.3 中国奶牛基因组选择性能指数

利用中国农业大学构建的中国荷斯坦牛基因组选择参考群体数据平台，结合青年公牛基因组检测的 SNP 基因型信息，用 GBLUP 方法估计公牛的各性状基因组直接育种值（DGV），并与其系谱育种值进行标准化后加权合并，计算得到中国奶牛基因组选择性能指数（Genomic China Performance Index，GCPI）。

2020 版的 GCPI 指数计算公式如下：

$$\mathrm{GCPI}_{2020} = 4 \times \begin{bmatrix} 25 \times \frac{GEBV_{Fat}}{22.0} + 35 \times \frac{GEBV_{Prot}}{17.0} - 10 \times \frac{GEBV_{SCS}-3}{0.46} \\ +8 \times \frac{GEBV_{Type}}{5} + 14 \times \frac{GEBV_{MS}}{5} + 8 \times \frac{GEBV_{FL}}{5} \end{bmatrix} + 1800$$

式中：$GEBV_{Fat}$、$GEBV_{Prot}$、$GEBV_{SCS}$、$GEBV_{Type}$、$GEBV_{MS}$、$GEBV_{FL}$ 分别是乳脂量、乳蛋白量、体细胞评分、体型总分、泌乳系统评分、肢蹄评分性状的合并基因组估计育种值，分母是相应性状估计育种值标准差。

1.4 各性状估计育种值标准差

各性状估计育种值标准差见表 1－1。

表 1-1 各性状估计育种值标准差

性状	各性状符号	国外验证公牛标准差	国内验证公牛标准差	基因组育种值标准差
产奶量（kg）	Milk	800	459	800
乳脂率（%）	F（%）	0.3	0.16	0.3
乳蛋白率（%）	P（%）	0.12	0.08	0.12
乳脂量（kg）	Fat	22	24.6	22
乳蛋白量（kg）	Prot	17	20.7	17
体型总分	Type	5	5	5
泌乳系统	MS	5	5	5
肢蹄评分	FL	5	5	5
体细胞评分	SCS	0.46	0.16	0.46

1.5 数据来源

公牛系谱由公牛站提供。计算 GCPI 的公牛父亲和外祖父各项育种值均采用国际公牛组织 2022 年 8 月发布的数据，由加拿大奶业数据网（www.cdn.ca）查询。

1.6 数据检索方式

国内种公牛遗传评估结果可到中国畜牧兽医信息网（www.nahs.org.cn）查询，也可以到中国奶牛数据中心网站（www.holstein.org.cn）查询。

1.7 其他说明

（1）为进一步提高种公牛遗传评定的规范性，鼓励开展完整规范的公牛后裔测定，仅公布符合过渡性条件的公牛遗传评估结果。其他公牛的单项性状估计育种值和可靠性可利用 1.6 中数据检索方式查阅，不再计算综合育种值。

（2）娟姗牛公牛因生产性能记录不完整、数据量小，暂不进行遗传评估。

（3）文中，EBV 为估计育种值（Estimated Breeding Value），r^2 为估计育种值的可靠性（Reliability）。

2

荷斯坦牛估计育种值

2.1 验证公牛单性状估计育种值前50名

表2-1-1至表2-1-9为9个不同性状估计育种值排名前50名（头）的验证公牛。按照表中展示数值有效位，单个性状估计育种值相同的种公牛共享一个排名，依次按照估计育种值实际数值、CPI由高到低、出生年份由近及远前后排序展示。每头种公牛的其他性状估计育种值可根据表2-3-1查询。

表2-1-1 产奶量估计育种值前50名

排名	牛号	产奶量（kg）	女儿分布省数	女儿分布场数	r^2(%)	CPI
1	65107036	2050	4	41	98	3004
	65107037	2050	7	40	97	3003
3	31115408	2001	7	20	98	2333
4	65107018	1914	3	24	97	2964
5	65107017	1901	6	42	98	3052
6	65107038	1755	6	30	97	2974
7	37316006	1710	6	23	96	2344
8	31115199	1690	8	18	97	2318
9	37314045	1688	3	22	82	2394
10	12113290	1625	5	30	92	2490
11	11116675	1612	7	34	98	2592
12	11112628	1605	12	66	98	2351
13	65106035	1557	8	44	97	2639
14	37316040	1464	7	17	91	2055
15	41115864	1421	5	31	95	2455
16	65107016	1420	10	43	98	2787
17	65108020	1357	5	37	94	2846
18	12107227	1356	3	56	98	2532
19	11114622	1320	11	60	99	2473
20	12113288	1309	3	27	92	2236
21	37308051	1300	8	44	97	2103
22	37310029	1201	3	26	88	2183
23	11115639	1197	3	42	98	2249

（续）

排名	牛号	产奶量（kg）	女儿分布省数	女儿分布场数	r^2（%）	CPI
24	41109864	1179	3	34	90	3032
25	11111611	1172	3	40	98	2235
26	37310036	1155	10	104	99	2028
27	12111277	1149	3	31	93	2263
28	31113660	1125	7	26	87	2298
29	11111607	1122	7	88	98	2170
30	11111501	1111	4	35	97	1809
31	12113301	1079	4	24	90	2173
32	12105226	1066	3	46	97	2372
33	37310010	1045	3	48	92	1962
34	11114650	1041	8	34	96	2258
35	37109995	1036	3	56	95	2211
	11111512	1036	6	66	98	1986
37	12112285	992	3	27	92	2035
38	12105216	990	5	47	98	2564
39	11114601	961	11	65	98	2319
	31108523	961	9	82	99	2097
41	11112622	956	4	53	96	1958
42	37314037	953	10	34	98	2171
43	11113667	946	4	25	85	2610
44	37314046	941	4	21	96	2329
45	11112651	939	3	22	85	2732
46	12109265	931	3	26	97	2748
47	53109295	930	4	37	96	2619
	37308038	930	9	61	97	2306
49	65108023	918	7	44	96	2684
50	12114335	917	6	40	97	2309

表 2－1－2　乳脂率估计育种值前 50 名

排名	牛号	乳脂率（%）	女儿分布省数	女儿分布场数	r^2(%)	CPI
1	11114612	0.37	5	37	97	2053
2	11112630	0.30	3	30	94	2473
3	12105226	0.29	3	46	97	2372
4	11114635	0.28	4	24	88	1734
	31104433	0.28	6	35	92	1676
6	14114061	0.27	5	18	88	1906
7	37314048	0.24	5	26	97	2216
8	31114684	0.22	9	21	89	2301
	11113655	0.22	7	30	94	2141
	11114603	0.22	7	34	93	2019
	11113669	0.22	3	21	84	1941
12	11112651	0.21	3	22	85	2732
	11114672	0.21	7	39	98	2112
14	12103172	0.20	5	51	98	2466
15	12113307	0.19	5	45	94	2075
	31106500	0.19	13	132	99	1864
	11111519	0.19	3	26	90	1771
	13313080	0.19	7	39	98	1750
19	65107036	0.18	4	41	98	3004
	65107037	0.18	7	40	97	3003
	11114610	0.18	13	76	98	2276
	11112636	0.18	5	40	97	2246
	11111505	0.18	8	93	98	1473
24	65106035	0.17	8	44	97	2639
	12105216	0.17	5	47	98	2564
	12113304	0.17	3	35	96	1852
	11110724	0.17	3	40	97	1638
28	11114622	0.16	11	60	99	2473

（续）

排名	牛号	乳脂率（%）	女儿分布省数	女儿分布场数	r^2（%）	CPI
	41115864	0.16	5	31	95	2455
	12104182	0.16	6	52	98	2450
	11109012	0.16	13	108	99	1771
32	12113309	0.15	6	36	93	2149
	11115633	0.15	8	29	99	2007
	11114626	0.15	8	41	96	1808
	31113663	0.15	11	36	94	1722
36	65107017	0.14	6	42	98	3052
	12104188	0.14	4	45	98	2501
	12108248	0.14	4	47	95	2348
	11115615	0.14	7	39	98	2226
	31115400	0.14	12	27	97	1873
	13203679	0.14	12	81	98	1753
42	12108244	0.13	5	56	96	2788
	12113290	0.13	5	30	92	2490
	12105214	0.13	6	45	98	2233
	13205940	0.13	10	63	99	2175
	12108242	0.13	3	46	95	2104
47	12104189	0.12	4	44	98	2304
	11113672	0.12	9	39	94	2171
	11113556	0.12	4	23	87	1854
	11109703	0.12	8	72	99	1561

表 2-1-3 乳蛋白率估计育种值前 50 名

排名	牛号	乳蛋白率（%）	女儿分布省数	女儿分布场数	r^2(%)	CPI
1	37314048	0.21	5	26	97	2216
2	37311025	0.12	5	33	93	1805
	37314061	0.12	5	21	92	1502
4	11109567	0.11	11	121	99	1720
	11104296	0.11	7	40	97	1543
6	31114684	0.10	9	21	89	2301
	31106500	0.10	13	132	99	1864
	13203832	0.10	9	69	98	1800
9	12105226	0.09	3	46	97	2372
	11101906	0.09	22	242	99	1863
11	12104182	0.08	6	52	98	2450
	13205940	0.08	10	63	99	2175
	11114612	0.08	5	37	97	2053
	31104158	0.08	17	147	99	1937
	11102909	0.08	12	98	99	1793
16	11115615	0.07	7	39	98	2226
	12105281	0.07	3	30	94	2183
	31116164	0.07	9	23	94	2154
	15516052	0.07	6	23	98	2038
	11112537	0.07	4	64	95	1959
	14114061	0.07	5	18	88	1906
	11109665	0.07	18	217	99	1829
	31110562	0.07	11	38	97	1804
	11104701	0.07	15	86	99	1657
25	12108244	0.06	5	56	96	2788
	12105216	0.06	5	47	98	2564
	12103172	0.06	5	51	98	2466
	11114602	0.06	16	121	99	2359

（续）

排名	牛号	乳蛋白率（%）	女儿分布省数	女儿分布场数	r^2（%）	CPI
	12105214	0.06	6	45	98	2233
	12108242	0.06	3	46	95	2104
	11111606	0.06	8	66	98	2053
	31108526	0.06	12	113	99	1947
	11102912	0.06	19	326	99	1725
	31109530	0.06	7	47	95	1663
35	12114335	0.05	6	40	97	2309
	11112637	0.05	4	27	89	2235
	11113665	0.05	7	33	95	2205
	11115621	0.05	6	29	98	2113
	11114672	0.05	7	39	98	2112
	31114208	0.05	7	19	87	1998
	13205120	0.05	5	38	95	1987
	37308035	0.05	8	58	98	1967
	31108101	0.05	13	93	98	1856
	11109804	0.05	12	117	99	1809
	13313080	0.05	7	39	98	1750
	31113663	0.05	11	36	94	1722
47	41109864	0.04	3	34	90	3032
	53109295	0.04	4	37	96	2619
	12104188	0.04	4	45	98	2501
	12113290	0.04	5	30	92	2490

表 2-1-4 乳脂量估计育种值前 50 名

排名	牛号	乳脂量（kg）	女儿分布省数	女儿分布场数	r^2(%)	CPI
1	65107036	98	4	41	98	3004
	65107037	98	7	40	97	3003
3	65107017	87	6	42	98	3052
4	65107018	84	3	24	97	2964
5	65107038	78	6	30	97	2974
	65106035	78	8	44	97	2639
7	12113290	76	5	30	92	2490
8	12105226	73	3	46	97	2372
9	41115864	71	5	31	95	2455
10	11116675	69	7	34	98	2592
11	11114622	68	11	60	99	2473
12	11112630	64	3	30	94	2473
13	65107016	59	10	43	98	2787
	11112651	59	3	22	85	2732
	12107227	59	3	56	98	2532
16	12105216	57	5	47	98	2564
17	41109864	53	3	34	90	3032
	11112628	53	12	66	98	2351
19	65108020	52	5	37	94	2846
	12103172	52	5	51	98	2466
21	11114610	51	13	76	98	2276
22	37314045	50	3	22	82	2394
23	11114650	48	8	34	96	2258
24	11115639	47	3	42	98	2249
25	12109265	46	3	26	97	2748
	37316006	46	6	23	96	2344
27	12108248	44	4	47	95	2348
	11115615	44	7	39	98	2226

（续）

排名	牛号	乳脂量（kg）	女儿分布省数	女儿分布场数	r^2(%)	CPI
29	12104188	43	4	45	98	2501
	12113288	43	3	27	92	2236
	11111611	43	3	40	98	2235
	12105214	43	6	45	98	2233
33	11114612	42	5	37	97	2053
34	12108244	41	5	56	96	2788
	65108023	41	7	44	96	2684
	12108230	41	5	53	96	2155
37	37308038	40	9	61	97	2306
	31114207	40	8	27	92	2121
	12113311	40	6	39	92	2013
40	11112636	39	5	40	97	2246
41	12104182	38	6	52	98	2450
	11109693	38	15	151	99	2099
43	11113568	37	4	18	88	2473
	31116164	37	9	23	94	2154
45	37308051	36	8	44	97	2103
46	31114684	35	9	21	89	2301
	41113894	35	3	30	96	2116
	12108242	35	3	46	95	2104
	12113307	35	5	45	94	2075
50	11114601	34	11	65	98	2319

表 2-1-5 乳蛋白量估计育种值前 50 名

排名	牛号	乳蛋白量（kg）	女儿分布省数	女儿分布场数	r^2(%)	CPI
1	65107036	68	4	41	98	3004
2	65107037	67	7	40	97	3003
3	65107017	62	6	42	98	3052
4	65107018	60	3	24	97	2964
	12113290	60	5	30	92	2490
6	65107038	57	6	30	97	2974
7	65106035	53	8	44	97	2639
	41115864	53	5	31	95	2455
	31115408	53	7	20	98	2333
10	11116675	52	7	34	98	2592
11	12107227	50	3	56	98	2532
12	37316006	49	6	23	96	2344
13	12105226	47	3	46	97	2372
	31115199	47	8	18	97	2318
15	41109864	46	3	34	90	3032
	65107016	46	10	43	98	2787
	37314045	46	3	22	82	2394
	12113288	46	3	27	92	2236
19	65108020	45	5	37	94	2846
20	12105216	42	5	47	98	2564
21	37310029	41	3	26	88	2183
22	11114622	40	11	60	99	2473
23	12111277	39	3	31	93	2263
24	53109295	37	4	37	96	2619
	12114335	37	6	40	97	2309
26	37314046	36	4	21	96	2329
	12113301	36	4	24	90	2173
28	11114650	35	8	34	96	2258

（续）

排名	牛号	乳蛋白量（kg）	女儿分布省数	女儿分布场数	r^2(%)	CPI
	11115615	35	7	39	98	2226
	37316040	35	7	17	91	2055
31	12109265	34	3	26	97	2748
	12103172	34	5	51	98	2466
	11114602	34	16	121	99	2359
	11111611	34	3	40	98	2235
	12105281	34	3	30	94	2183
36	37308038	33	9	61	97	2306
	12105214	33	6	45	98	2233
	12112285	33	3	27	92	2035
39	31113660	32	7	26	87	2298
	37109995	32	3	56	95	2211
41	12108244	31	5	56	96	2788
	11112628	31	12	66	98	2351
	37314048	31	5	26	97	2216
	31116164	31	9	23	94	2154
45	12108248	30	4	47	95	2348
	11114601	30	11	65	98	2319
	11114610	30	13	76	98	2276
	37312038	30	11	46	99	2113
49	12104188	29	4	45	98	2501
	11115639	29	3	42	98	2249

表 2-1-6 体细胞评分估计育种值前 50 名

排名	牛号	体细胞评分	女儿分布省数	女儿分布场数	r^2(%)	CPI
1	31114689	2.75	6	28	91	2059
2	11114633	2.81	5	25	87	1840
3	65107036	2.82	4	41	98	3004
	11112535	2.82	4	34	78	2098
	31104433	2.82	6	35	87	1676
6	31115408	2.83	7	20	95	2333
7	11113575	2.85	6	33	83	1981
	31115194	2.85	4	17	93	1840
9	65107037	2.86	7	40	96	3003
	65107038	2.86	6	30	96	2974
	65106035	2.86	8	44	96	2639
	31112645	2.86	9	27	88	2046
	37310010	2.86	3	47	85	1962
	37312009	2.86	5	20	96	1444
15	65107017	2.87	6	42	97	3052
	11111610	2.87	10	43	88	1866
17	65107018	2.88	3	24	95	2964
	65107016	2.88	10	43	97	2787
	37314046	2.88	4	21	93	2329
	31114208	2.88	7	19	78	1998
	31115400	2.88	12	27	94	1873
22	41109864	2.89	3	34	82	3032
	37308035	2.89	8	58	96	1967
24	65108023	2.90	7	44	93	2684
	12114335	2.90	6	40	93	2309
	41113894	2.90	3	30	93	2116
	31114209	2.90	8	28	96	1961
	31104485	2.90	11	94	97	1891

（续）

排名	牛号	体细胞评分	女儿分布省数	女儿分布场数	r^2(%)	CPI
	11111609	2.90	8	45	94	1798
	11104676	2.90	10	32	94	1338
31	41115864	2.91	5	31	90	2455
	11114650	2.91	8	34	92	2258
	31108521	2.91	4	27	85	2210
	31111613	2.91	7	67	91	2015
	31113219	2.91	10	25	94	1957
	31113663	2.91	11	36	89	1722
	31109530	2.91	7	47	91	1663
38	65108020	2.92	5	37	90	2846
	11113672	2.92	9	39	88	2171
	11114605	2.92	10	60	96	2160
	11113655	2.92	7	30	89	2141
	31104169	2.92	14	94	98	1887
43	31115199	2.93	8	18	95	2318
	31114684	2.93	9	21	80	2301
	37314048	2.93	5	26	95	2216
	37304006	2.93	5	33	88	2069
	37314058	2.93	4	26	96	2000
	31109546	2.93	8	50	96	1920
	14114061	2.93	5	18	77	1906
	31108102	2.93	6	35	86	1892

表 2-1-7 体型总分估计育种值前 50 名

排名	牛号	体型总分	女儿分布省数	女儿分布场数	r^2 (%)	CPI
1	41109864	31	3	14	77	3032
2	11112621	30	3	13	65	2437
3	11113658	28	3	14	66	2242
4	11113676	27	4	13	66	2302
5	11112651	26	3	12	61	2732
	12108235	26	4	17	76	2684
7	12108244	25	5	14	76	2788
	53109295	25	4	8	67	2619
	11113653	25	3	16	78	2467
10	12109265	24	3	13	73	2748
	12108251	24	4	15	80	2318
12	65108023	23	7	25	89	2684
	11113667	23	4	11	63	2610
	12109266	23	4	15	81	2423
	12109258	23	5	17	83	2422
16	11113670	21	4	10	53	2312
	11113573	21	3	9	57	2094
18	65108020	20	5	23	88	2846
19	65107038	19	6	19	93	2974
	11112552	19	3	15	66	2274
	11112535	19	4	15	66	2098
22	65107017	18	6	25	94	3052
	11113568	18	4	11	68	2473
	11112637	18	4	14	65	2235
25	65107018	17	3	17	93	2964
	12104188	17	4	20	89	2501
27	65107016	16	10	25	94	2787
	11112620	16	5	19	79	2210

（续）

排名	牛号	体型总分	女儿分布省数	女儿分布场数	r^2(%)	CPI
29	12104182	15	6	20	90	2450
	11112626	15	3	15	63	2346
	12104189	15	4	17	82	2304
	12108240	15	7	14	71	2134
	11112531	15	3	15	67	2124
34	65107036	14	4	33	96	3004
	65107037	14	7	20	94	3003
	11113665	14	7	13	68	2205
	11112553	14	3	16	65	2178
	37307001	14	15	36	88	2000
	11113669	14	3	13	66	1941
40	31108520	12	17	31	97	2157
	11112639	12	3	15	87	2130
	12109254	12	3	15	78	2106
	12109253	12	4	16	88	2063
	37304004	12	13	17	94	1887
45	11112630	11	3	19	82	2473
	12103172	11	5	17	85	2466
	37314046	11	4	26	77	2329
	37310014	11	4	10	61	2307
	31108521	11	4	9	58	2210
	11113672	11	9	18	80	2171

表 2－1－8 泌乳系统评分估计育种值前 50 名

排名	牛号	泌乳系统评分	女儿分布省数	女儿分布场数	r^2(%)	CPI
1	41109864	32	3	14	77	3032
2	11113667	26	4	11	63	2610
	11112621	26	3	13	65	2437
4	12108244	23	5	14	76	2788
	53109295	23	4	8	67	2619
	11113676	23	4	13	66	2302
7	11113653	22	3	16	78	2467
	11113658	22	3	14	66	2242
9	65108020	21	5	23	88	2846
	65108023	21	7	25	89	2684
	12108251	21	4	15	80	2318
	11112552	21	3	15	66	2274
13	11112651	20	3	12	61	2732
14	65107038	19	6	19	93	2974
	12108235	19	4	17	76	2684
	12109266	19	4	15	81	2423
	11112553	19	3	16	65	2178
	11113573	19	3	9	57	2094
19	65107016	18	10	25	94	2787
	12109265	18	3	13	73	2748
	12109258	18	5	17	83	2422
22	65107017	17	6	25	94	3052
	37303017	17	8	12	79	2087
24	11112535	16	4	15	66	2098
25	11113670	15	4	10	53	2312
	31108520	15	17	31	97	2157
27	65107037	14	7	20	94	3003
	65107018	14	3	17	93	2964

（续）

排名	牛号	泌乳系统评分	女儿分布省数	女儿分布场数	r^2（%）	CPI
	11112626	14	3	15	63	2346
	11110503	14	5	18	80	1927
31	12104188	13	4	20	89	2501
	11112637	13	4	14	65	2235
	11112620	13	5	19	79	2210
	11112531	13	3	15	67	2124
35	65107036	12	4	33	96	3004
	11113568	12	4	11	68	2473
	11112630	12	3	19	82	2473
	12104182	12	6	20	90	2450
	11114602	12	16	46	98	2359
40	11112628	11	12	28	95	2351
	12114335	11	6	5	52	2309
	12104189	11	4	17	82	2304
	31108521	11	4	9	58	2210
	11113665	11	7	13	68	2205
	31113658	11	7	14	69	2071
	37307001	11	15	36	88	2000
47	37314046	10	4	26	77	2329
	37310014	10	4	10	61	2307
	37310040	10	6	14	88	2185
	12113309	10	6	7	49	2149

表 2－1－9　肢蹄评分估计育种值前 50 名

排名	牛号	肢蹄评分	女儿分布省数	女儿分布场数	r^2(%)	CPI
1	12108235	39	4	17	76	2684
2	11113658	31	3	14	66	2242
3	12108244	30	5	14	76	2788
4	12109265	29	3	13	73	2748
5	11113653	28	3	16	78	2467
	11112621	28	3	13	65	2437
7	11113676	27	4	13	66	2302
8	12108251	25	4	15	80	2318
	11113573	25	3	9	57	2094
10	12109266	24	4	15	81	2423
11	65108020	23	5	23	88	2846
	37304004	23	13	17	94	1887
13	65107017	22	6	25	94	3052
	65108023	22	7	25	89	2684
	11113670	22	4	10	53	2312
16	11112651	21	3	12	61	2732
	11112620	21	5	19	79	2210
	11113669	21	3	13	66	1941
19	12104189	20	4	17	82	2304
20	41109864	19	3	14	77	3032
	65107018	19	3	17	93	2964
	12105216	19	5	18	78	2564
	11113568	19	4	11	68	2473
	12103172	19	5	17	85	2466
	12109258	19	5	17	83	2422
26	31108521	17	4	9	58	2210
27	65107038	16	6	19	93	2974
	65107016	16	10	25	94	2787

（续）

排名	牛号	肢蹄评分	女儿分布省数	女儿分布场数	r^2(%)	CPI
	11113667	16	4	11	63	2610
	11113665	16	7	13	68	2205
	11113672	16	9	18	80	2171
	11112535	16	4	15	66	2098
	37307001	16	15	36	88	2000
	37307017	16	3	31	80	1779
35	12107227	15	3	11	73	2532
	12104182	15	6	20	90	2450
	11114605	15	10	23	93	2160
	12109253	15	4	16	88	2063
39	53109295	14	4	8	67	2619
	12108240	14	7	14	71	2134
	31114689	14	6	8	60	2059
	11110525	14	4	20	83	2042
43	12104188	13	4	20	89	2501
	11112629	13	5	16	82	2214
	11112536	13	3	17	67	2012
	37313024	13	7	28	96	1896
	11112530	13	4	17	65	1844
	11111609	13	8	16	82	1798
	11108549	13	8	19	94	1766
50	65107036	12	4	33	96	3004

2.2 青年公牛单性状基因组估计育种值前50名

表2－2－1至表2－2－9为9个不同性状基因组估计育种值排名前50名（头）的青年公牛。按照表中展示数值有效位，单个性状估计育种值相同的种公牛共享一个排名，依次按照估计育种值实际数值、GCPI由高到低前后排序。每头种公牛的其他性状估计育种值可根据表2－4－1查询。

表2－2－1　产奶量基因组估计育种值前50名

排名	牛号	产奶量（kg）	r^2(%)	GCPI	排名	牛号	产奶量（kg）	r^2(%)	GCPI
1	37320094	2824	73	2630	26	15518009	1920	75	2560
2	41118845	2795	73	2663	27	37321013	1911	74	2701
3	13316716	2452	74	2534	28	37319065	1904	73	2524
	(37416716*)				29	37316037	1898	76	2584
4	13121005	2226	65	2810	30	37319068	1887	75	2683
5	15520022	2199	73	2657	31	15516049	1886	83	2405
6	15519026	2194	76	2645	32	41118865	1883	74	2588
7	65120375	2191	74	2527	33	11117678	1882	72	2608
8	11122611	2130	69	2786	34	15519013	1878	74	2484
9	31121345	2109	74	2679	35	41121824	1874	70	2689
	11122617	2109	72	2659	36	15520028	1872	73	2514
11	11115632	2106	91	2770		21216035	1872	77	2450
12	15520014	2072	72	2541		13120419	1872	74	2783
13	31116440	2070	75	2554	39	37321100	1868	71	2778
14	37320123	2025	72	2553	40	41118859	1855	74	2520
15	11120521	2023	72	2400	41	21220010	1854	75	2570
16	13120447	2019	71	2750	42	31118136	1852	76	2724
17	13316097	2012	75	2407	43	13316708	1847	73	2473
18	37320124	2008	73	2637		(37416708*)			
19	11116693	2003	76	2553	44	15517034	1841	75	2583
20	37320093	1996	74	2566		11122613	1841	72	2724
21	37321097	1982	71	2869	46	11122621	1840	71	2709
22	13120435	1976	72	2677	47	15519009	1838	75	2703
23	31118450	1960	76	2398		61220117	1838	73	2467
24	13120453	1943	73	2641	49	11120523	1834	73	2405
25	15517042	1934	73	2435	50	65118359	1833	76	2554

注：* 表示种公牛的曾用牛号。

表 2－2－2　乳脂率基因组估计育种值前 50 名

排名	牛号	乳脂率（%）	r^2（%）	GCPI	排名	牛号	乳脂率（%）	r^2（%）	GCPI
1	37321093	0.79	74	2630		41120830	0.59	77	2680
2	11120601	0.76	77	2532		11121655	0.59	75	2662
3	15521009	0.74	75	2634		31120367	0.59	75	2634
4	37321095	0.71	76	2877		37321108	0.59	75	2564
	65119371	0.71	76	2522		41120832	0.59	78	2516
6	37321044	0.70	75	2778		41119825	0.59	76	2481
7	15521012	0.68	75	2630	32	37321099	0.58	75	2801
	37319072	0.68	77	2620		15520019	0.58	74	2651
	11119686	0.68	77	2566		37320020	0.58	75	2549
10	41121815	0.67	76	2683		11120632	0.58	77	2510
11	41120829	0.66	75	2643	36	15521013	0.57	76	2684
12	41121807	0.65	77	2592		31121354	0.57	77	2595
	15521001	0.65	76	2571		15521022	0.57	75	2530
	11119680	0.65	76	2512		31120355	0.57	76	2529
	37321086	0.65	77	2504		37319056	0.57	78	2522
16	37318009	0.63	78	2582		31116152	0.57	83	2291
	61221123	0.63	78	2421	42	37320112	0.56	78	2694
	11120633	0.63	76	2240		15520006	0.56	75	2676
19	15521002	0.61	75	2777		13119142	0.56	78	2611
	31120369	0.61	76	2540		37321042	0.56	75	2506
21	37321091	0.60	75	2622	46	11122622	0.55	74	2624
	37321025	0.60	74	2521		41118828	0.55	78	2535
	31120363	0.60	77	2457	48	14117925	0.54	78	2600
24	37321048	0.59	75	2782		15520007	0.54	77	2583
	31120368	0.59	76	2759		11120616	0.54	75	2553

表 2-2-3　乳蛋白率基因组估计育种值前 50 名

排名	牛号	乳蛋白率（%）	r^2（%）	GCPI	排名	牛号	乳蛋白率（%）	r^2（%）	GCPI
1	15520017	0.34	78	2884		31118089	0.25	82	2512
2	37321093	0.32	77	2630		11120633	0.25	79	2240
3	61221123	0.31	81	2421	28	37320020	0.24	78	2549
4	15521009	0.30	78	2634		37319056	0.24	80	2522
	37319054	0.30	81	2589		11119677	0.24	82	2457
6	31120367	0.29	78	2634		37320072	0.24	78	2333
	11120601	0.29	80	2532	32	37321076	0.23	78	2903
8	37321044	0.28	78	2778		37320120	0.23	78	2648
	41121807	0.28	80	2592		37319057	0.23	81	2546
10	37321048	0.27	78	2782		11120617	0.23	78	2546
	31120368	0.27	78	2759		11119503	0.23	79	2217
	41119824	0.27	79	2563		11115618	0.23	83	2135
	31120366	0.27	77	2554	38	15521002	0.22	78	2777
	31120369	0.27	79	2540		15520023	0.22	79	2657
	11113673	0.27	88	2147		15521012	0.22	78	2630
16	37320119	0.26	79	2566		11122628	0.22	79	2627
	11120613	0.26	80	2508		11118666	0.22	78	2411
	37320026	0.26	79	2504		31119394	0.22	80	2292
19	41121815	0.25	79	2683	44	37321096	0.21	78	2807
	13119114	0.25	80	2652		37321078	0.21	79	2773
	37319072	0.25	80	2620		11119686	0.21	80	2566
	13119142	0.25	81	2611		14115730	0.21	82	2525
	37321079	0.25	77	2599		11120627	0.21	79	2472
	15521001	0.25	79	2571		61218105	0.21	80	2317
	31120378	0.25	78	2531		21213009	0.21	83	2151

表 2-2-4　乳脂量基因组估计育种值前 50 名

排名	牛号	乳脂量（kg）	r^2(%)	GCPI	排名	牛号	乳脂量（kg）	r^2(%)	GCPI
1	37321095	97	70	2877		41121809	75	69	2696
2	37321097	89	69	2869		37321110	75	70	2677
3	37321111	88	70	2697		13120453	75	71	2641
4	37320112	84	72	2694		13121029	75	71	2695
	37321100	84	69	2778		37321099	75	70	2801
6	37321096	82	70	2807		41120829	75	69	2643
	37321078	82	70	2773		15521009	75	69	2634
8	15520032	81	69	2783		15521013	75	70	2684
9	13119176	80	72	2688	34	15521002	74	69	2777
	37321009	80	69	2688		15520019	74	68	2651
	41120834	80	70	2807		15622101	74	71	2654
12	41121815	79	70	2683		11119688	74	73	2729
13	37319007	78	72	2672		41121802	74	68	2811
	37321076	78	69	2903		11121659	74	68	2700
	37321067	78	68	2672	40	15521028	73	70	2603
16	37318009	77	72	2582		11121660	73	69	2712
	41121821	77	73	2660	42	15521026	72	71	2642
	11122620	77	69	2650		37321048	72	69	2782
	13120419	77	72	2783		11121655	72	70	2662
20	11122603	76	70	2726		37321008	72	70	2704
	31120370	76	71	2662		37321103	72	68	2612
	37321044	76	70	2778	47	13121005	71	63	2810
	37320081	76	72	2638		41120827	71	71	2660
	13120437	76	72	2715		37321091	71	69	2622
25	15520010	75	70	2724		15521012	71	69	2630

表 2-2-5 乳蛋白量基因组估计育种值前 50 名

排名	牛号	乳蛋白量（kg）	r^2（%）	GCPI	排名	牛号	乳蛋白量（kg）	r^2（%）	GCPI
1	13121005	67	62	2810		13121053	55	67	2739
2	37321097	62	69	2869		15622103	55	68	2705
	15520017	62	70	2884		31119377	55	71	2744
	37321100	62	69	2778		11122619	55	70	2885
5	37321095	61	70	2877		41121824	55	68	2689
6	37320094	60	71	2630		15520032	55	68	2783
	37321096	60	69	2807		31121345	55	72	2679
	15519026	60	74	2645	33	37320124	54	71	2637
9	41118845	59	71	2663		65118359	54	74	2554
10	11122611	58	67	2786		11122615	54	65	2764
	37321076	58	69	2903		37321067	54	68	2672
12	37321078	57	70	2773		11122613	54	70	2724
	37319049	57	69	2711	38	11122603	53	70	2726
	37321013	57	72	2701		15519024	53	73	2609
	41121802	57	68	2811		37321045	53	72	2683
16	37321111	56	70	2697	41	15519023	52	70	2687
	41120834	56	70	2807		11122630	52	70	2615
	15520022	56	71	2657		11117678	52	70	2608
	13120419	56	72	2783		37321116	52	68	2636
	11122605	56	68	2689		15622101	52	71	2654
	31118136	56	74	2724		37320112	52	72	2694
22	11115632	55	90	2770		13119160	52	71	2677
	37319068	55	73	2683		15520014	52	70	2541
	13121045	55	68	2794		13120437	52	71	2715
	15520024	55	70	2714	50	65120375	51	72	2527

表 2-2-6 体细胞评分基因组估计育种值前 50 名

排名	牛号	体细胞评分	r^2(%)	GCPI	排名	牛号	体细胞评分	r^2(%)	GCPI
1	15517048	1.03	72	2632		12116357	1.37	72	2090
2	11114657	1.06	75	2210	27	15520033	1.38	67	2565
3	31115401	1.10	75	2392		37314054	1.38	74	2269
4	31116413	1.13	73	2348		31119467	1.38	66	2263
5	53213151	1.15	69	2122	30	11122625	1.39	63	2722
	(37313005*)				31	37316018	1.40	70	2463
6	11117808	1.17	72	2491		21214042	1.40	74	2329
	11117802	1.17	70	2323		15516014	1.40	76	2161
	15514126	1.17	70	1863	34	37321091	1.41	65	2622
9	12116363	1.19	70	2084	35	11119677	1.42	71	2457
10	31119380	1.22	65	2148		41115867	1.42	69	2320
11	65118357	1.23	70	2468		15514049	1.42	73	2280
12	15517067	1.24	70	2476		15516067	1.42	68	2182
13	21214055	1.27	72	2383		15516061	1.42	70	2099
14	11117632	1.29	65	2370	40	15519018	1.43	68	2518
15	37320020	1.30	65	2549		21214030	1.43	74	2334
	21214035	1.30	69	2113		11121550	1.43	63	2231
17	11115613	1.31	75	2208		37314004	1.43	71	2075
18	15521005	1.32	68	2461	44	37320026	1.44	67	2504
19	15516025	1.33	75	2026		31115187	1.44	73	2432
	31119465	1.33	77	1912		15516062	1.44	72	2245
21	15517052	1.34	68	2437		12116376	1.44	73	2243
	11115650	1.34	83	2387		21213001	1.44	70	1802
	41118835	1.34	71	2374		31113215	1.44	71	1652
24	31115411	1.36	55	2037	50	13120429	1.45	64	2519
25	37320108	1.37	66	2509					

注：* 表示种公牛的曾用牛号。

表 2-2-7 体型总分基因组估计育种值前 50 名

排名	牛号	体型总分	r^2(%)	GCPI	排名	牛号	体型总分	r^2(%)	GCPI
1	11113659	19	75	2316		11118631	10	68	2641
2	11113663	16	77	2354		15514051	10	74	2100
3	11113657	15	77	2220		12118402	10	73	2477
4	11113675	12	75	2208		15516048	10	74	2598
	11116672	12	72	2436		37314036	10	73	2331
	31116435	12	74	2508	31	11122608	9	57	2683
7	11113661	11	77	2375		11116670	9	74	2426
	65116314	11	75	2641		13120439	9	66	2687
	15514077	11	73	2133		15520034	9	69	2567
	11122619	11	68	2885		15516013	9	73	2740
	37317009	11	74	2484		11115611	9	75	2464
	37321076	11	67	2903		11120610	9	69	2458
	11114671	11	77	2288		11122615	9	63	2764
	37319050	11	68	2576		37317058	9	71	2392
15	11116695	10	77	2727		65117353	9	73	2380
	61216082	10	73	2099		15516072	9	72	2188
	21215025	10	77	2508		11114660	9	77	2215
	21215023	10	77	2508		15517048	9	73	2632
	11114638	10	79	2119		31120368	9	68	2759
	15516044	10	76	2528		11116622	9	72	2555
	15516071	10	72	2156		21214046	9	77	2391
	11116676	10	74	2438		13121297	9	69	2668
	21216046	10	77	2417		15514084	9	75	2307
	21216006	10	74	2299		65117339	9	75	2503
	15514102	10	70	2190		11117609	9	72	2579

表 2-2-8 泌乳系统评分基因组估计育种值前 50 名

排名	牛号	泌乳系统评分	r^2(%)	GCPI	排名	牛号	泌乳系统评分	r^2(%)	GCPI
1	15514049	13	78	2280		11122615	10	62	2764
	11113659	13	75	2316	27	13121271	9	63	2686
	15514117	13	71	2222		31115197	9	74	2425
	15514084	13	75	2307		15516079	9	71	2163
5	15514060	12	73	2391		11115632	9	89	2770
6	37319050	11	68	2576		12117400	9	68	2354
	65116276	11	72	2488		21216046	9	76	2417
	65116314	11	74	2641		37321076	9	66	2903
	15517067	11	71	2476		15520017	9	67	2884
	15514066	11	72	2286		14113055	9	74	2129
	31118100	11	70	2597		21215025	9	76	2508
	14113052	11	75	2305		21215023	9	76	2508
	11116622	11	71	2555		11116693	9	71	2553
14	15516071	10	71	2156		61221122	9	66	2596
	11113657	10	77	2220		31114687	9	78	2175
	11116695	10	77	2727		15514051	9	73	2100
	31114690	10	79	2024		37317033	9	66	2507
	15516068	10	73	2592		11122619	9	67	2885
	15514119	10	72	2205		11118631	9	68	2641
	15514120	10	72	2205		14113054	9	74	2355
	11113675	10	75	2208		14116212	9	73	2360
	37314036	10	72	2331		21214050	9	75	2484
	15516072	10	71	2188		15514131	9	72	2260
	15520034	10	68	2567		15514077	9	72	2133
	11114671	10	76	2288		15518007	9	70	2482

表 2-2-9 肢蹄评分基因组估计育种值前 50 名

排名	牛号	肢蹄评分	r^2(%)	GCPI	排名	牛号	肢蹄评分	r^2(%)	GCPI
1	11113659	21	83	2316		11121537	8	75	2418
2	11113661	18	84	2375		21214054	8	79	2303
	11113663	18	84	2354		14113054	8	81	2355
4	11113657	17	84	2220		13118308	8	78	2513
5	11113557	13	83	2140		11116672	8	80	2436
	11113565	13	82	2244		31120369	8	76	2540
7	11113675	12	83	2208		21216006	8	81	2299
8	11114668	11	80	2417		11115619	8	82	2180
	15516044	11	82	2528		61216082	8	80	2099
10	11116680	10	80	2401	35	11114620	7	80	2335
	61216053	10	76	1843		37315017	7	81	2388
	31120368	10	75	2759		11114638	7	85	2119
	11115632	10	94	2770		37317025	7	81	2420
14	11115650	9	91	2387		61216076	7	78	1769
	13118340	9	77	2380		14115830	7	79	2254
	15516013	9	79	2740		31120355	7	76	2529
	61216067	9	78	2108		31116435	7	81	2508
	11116698	9	83	2467		37313029	7	81	2158
	31119390	9	78	2112		21214030	7	82	2334
20	31118114	8	76	2569		11114660	7	84	2215
	15516042	8	80	2501		13120445	7	74	2584
	11113671	8	82	2201		37319057	7	78	2546
	15515217	8	77	2192		11122619	7	75	2885
	12118402	8	80	2477		37315011	7	78	2248
	11116670	8	81	2426		31114204	7	79	2041

2.3 验证公牛估计育种值

表 2－3－1 按照表中展示 CPI 数值有效位，CPI 相同的种公牛共享一个排名，并按照牛号依次排序。

表 2－3－1 验证公牛各性状估计育种值及综合指数（CPI）值

序号	牛号	CPI	女儿分布省数（个）	产奶性状								健康性状				体型性状					
				女儿分布场数（个）	女儿数（头）	产奶量（kg）	乳脂率（%）	乳蛋白率（%）	乳脂量（kg）	乳蛋白量（kg）	可靠性（%）	女儿分布场数（个）	女儿数（头）	体细胞评分	可靠性（%）	女儿分布场数（个）	女儿数（头）	体型总分	泌乳系统评分	肢蹄评分	可靠性（%）
1	65107017	3052	6	42	497	1901	0.14	-0.02	87	62	98	42	496	2.87	97	25	338	18	17	22	94
2	41109864	3032	3	34	99	1179	0.07	0.04	53	46	90	34	99	2.89	82	14	59	31	32	19	77
3	65107036	3004	4	41	759	2050	0.18	-0.02	98	68	98	41	759	2.82	98	33	549	14	12	12	96
4	65107037	3003	7	40	461	2050	0.18	-0.02	98	67	97	40	461	2.86	96	20	323	14	14	11	94
5	65107038	2974	6	30	480	1755	0.11	-0.02	78	57	97	30	480	2.86	96	19	261	19	19	16	93
6	65107018	2964	3	24	352	1914	0.10	-0.05	84	60	97	24	352	2.88	95	17	279	17	14	19	93
7	65108020	2846	5	37	192	1357	0.00	-0.02	52	45	94	37	192	2.92	90	23	147	20	21	23	88
8	12108244	2788	5	56	212	680	0.13	0.06	41	31	96	56	212	2.99	93	14	56	25	23	30	76
9	65107016	2787	10	43	555	1420	0.05	-0.02	59	46	98	43	555	2.88	97	25	289	16	18	16	94
10	12109265	2748	3	26	301	931	0.09	0.01	46	34	97	26	301	3.04	94	13	42	24	18	29	73
11	11112651	2732	3	22	50	939	0.21	-0.07	59	24	85	22	50	2.98	75	12	23	26	20	21	61
12	12108235	2684	4	61	243	567	0.07	0.03	29	24	96	61	243	3.10	94	17	51	26	19	39	76
13	65108023	2684	7	44	271	918	0.06	-0.05	41	25	96	44	270	2.90	93	25	152	23	21	22	89
14	65106035	2639	8	44	438	1557	0.17	0.00	78	53	97	44	438	2.86	96	22	148	8	4	5	89
15	53109295	2619	4	37	289	930	-0.20	0.04	14	37	96	37	289	2.98	92	8	35	25	23	14	67
16	11113667	2610	4	25	51	946	-0.08	-0.06	27	25	85	25	51	3.04	76	11	26	23	26	16	63

（续）

序号	牛号	CPI	女儿分布省数（个）	产奶性状 女儿分布场数（个）	女儿数（头）	产奶量（kg）	乳脂率（%）	乳蛋白率（%）	乳脂量（kg）	乳蛋白量（kg）	可靠性（%）	健康性状 女儿分布场数（个）	女儿数（头）	体细胞评分	可靠性（%）	体型性状 女儿分布场数（个）	女儿数（头）	体型总分	泌乳系统评分	肢蹄评分	可靠性（%）
17	11116675	2592	7	34	682	1612	0.07	-0.02	69	52	98	34	682	2.98	96	14	732	8	7	4	97
18	12105216	2564	5	47	377	990	0.17	0.06	57	42	98	47	377	3.02	96	18	61	10	6	19	78
19	12107227	2532	3	56	482	1356	0.07	0.03	59	50	98	56	479	3.08	97	11	39	7	3	15	73
20	12104188	2501	4	45	524	703	0.14	0.04	43	29	98	45	524	3.03	97	20	139	17	13	13	89
21	12113290	2490	5	30	88	1625	0.13	0.04	76	60	92	30	88	2.99	86	16	37	1	-3	0	68
22	11112630	2473	3	30	156	835	0.30	-0.02	64	26	94	29	155	3.10	90	19	80	11	12	9	82
	11113568	2473	4	18	69	730	0.09	-0.02	37	22	88	18	69	2.99	79	11	32	18	12	19	68
	11114622	2473	11	60	1249	1320	0.16	-0.05	68	40	99	60	1244	2.99	98	22	1026	4	7	3	98
25	11113653	2467	3	28	118	475	-0.06	-0.07	11	8	92	28	118	3.07	86	16	60	25	22	28	78
26	12103172	2466	5	51	522	782	0.20	0.06	52	34	98	51	522	3.05	97	17	97	11	4	19	85
27	41115864	2455	5	31	218	1421	0.16	0.03	71	53	95	31	216	2.91	90	14	79	2	1	-6	81
28	12104182	2450	6	52	737	532	0.16	0.08	38	28	98	52	736	3.08	98	20	154	15	12	15	90
29	11112621	2437	3	36	120	277	-0.12	-0.06	-2	3	92	36	120	3.15	86	13	27	30	26	28	65
30	12109266	2423	4	35	424	350	0.02	-0.04	16	8	97	35	424	3.04	96	15	73	23	19	24	81
31	12109258	2422	5	50	582	447	0.06	-0.04	24	11	98	50	576	3.08	97	17	90	23	18	19	83
32	37314045	2394	3	22	46	1688	-0.12	-0.09	50	46	82	21	45	3.06	70	26	63	5	5	1	75
33	12105226	2372	3	46	322	1066	0.29	0.09	73	47	97	46	322	3.08	96	18	93	0	-2	0	84
34	11114602	2359	16	121	2662	794	0.00	0.06	29	34	99	121	2654	2.95	99	46	1211	9	12	1	98
35	11112628	2351	12	66	826	1605	-0.06	-0.20	53	31	98	66	824	2.99	98	28	353	7	11	-7	95
36	12108248	2348	4	47	175	730	0.14	0.04	44	30	95	47	175	3.06	92	16	61	9	7	7	78

（续）

序号	牛号	CPI	女儿分布省数（个）	产奶性状								健康性状				体型性状					
				女儿分布场数（个）	女儿数（头）	产奶量（kg）	乳脂率（%）	乳蛋白率（%）	乳脂量（kg）	乳蛋白量（kg）	可靠性（%）	女儿分布场数（个）	女儿数（头）	体细胞评分	可靠性（%）	女儿分布场数（个）	女儿数（头）	体型总分	泌乳系统评分	肢蹄评分	可靠性（%）
37	11112626	2346	3	31	68	649	0.07	-0.04	31	17	87	31	68	3.02	78	15	26	15	14	9	63
38	37316006	2344	6	23	265	1710	-0.16	-0.08	46	49	96	23	264	3.14	91	12	132	3	-2	10	87
39	31115408	2333	7	20	451	2001	-0.42	-0.12	27	53	98	20	449	2.83	95	12	323	3	2	-3	94
40	37314046	2329	4	21	332	941	-0.33	0.03	-1	36	96	21	330	2.88	93	26	67	11	10	12	77
41	11114601	2319	11	65	767	961	-0.02	-0.03	34	30	98	65	765	2.94	97	25	378	7	6	8	95
42	12108251	2318	4	42	350	-74	0.07	-0.02	5	-5	97	42	350	3.07	96	15	70	24	21	25	80
	31115199	2318	8	18	515	1690	-0.44	-0.09	13	47	97	18	513	2.93	95	7	176	5	3	10	90
44	11113670	2312	4	23	119	48	0.05	0.03	7	6	92	23	119	3.00	85	10	15	21	15	22	53
45	12114335	2309	6	40	325	917	-0.20	0.05	13	37	97	40	308	2.90	93	5	14	7	11	2	52
46	37310014	2307	4	48	195	814	-0.02	-0.06	29	20	94	48	195	2.97	89	10	26	11	10	10	61
47	37308038	2306	9	61	332	930	0.04	0.01	40	33	97	61	328	3.01	94	14	52	5	3	9	75
48	12104189	2304	4	44	555	212	0.12	0.03	22	11	98	44	555	3.03	97	17	77	15	11	20	82
49	11113676	2302	4	19	62	-227	0.04	-0.05	-4	-14	88	19	62	2.96	79	13	30	27	23	27	66
50	31114684	2301	9	21	80	323	0.22	0.10	35	23	89	21	80	2.93	80	6	28	10	8	5	64
51	31113660	2298	7	26	64	1125	-0.13	-0.06	29	32	87	26	63	3.03	78	9	26	9	5	9	63
52	11114610	2276	13	76	1012	812	0.18	0.02	51	30	98	76	1005	2.98	98	25	462	3	2	3	96
53	11112552	2274	3	29	77	617	-0.16	-0.11	5	8	89	29	77	3.06	81	15	29	19	21	9	66
54	12111277	2263	3	31	109	1149	-0.12	0.00	30	39	93	31	105	2.99	87	20	48	2	5	1	74
55	11114650	2258	8	34	260	1041	0.08	0.00	48	35	96	34	258	2.91	92	12	162	3	-2	1	90
56	12109260	2250	5	51	682	574	0.01	0.03	23	23	98	51	677	3.02	97	17	75	10	7	10	81

（续）

序号	牛号	CPI	女儿分布省数（个）	产奶性状								健康性状				体型性状					
				女儿分布场数（个）	女儿数（头）	产奶量（kg）	乳脂率（%）	乳蛋白率（%）	乳脂量（kg）	乳蛋白量（kg）	可靠性（%）	女儿分布场数（个）	女儿数（头）	体细胞评分	可靠性（%）	女儿分布场数（个）	女儿数（头）	体型总分	泌乳系统评分	肢蹄评分	可靠性（%）
57	11115639	2249	3	42	562	1197	0.02	-0.10	47	29	98	42	561	2.97	96	7	364	4	2	1	95
58	11112636	2246	5	40	321	521	0.18	-0.01	39	17	97	40	321	2.97	94	18	193	5	5	12	91
59	11113658	2242	3	19	45	329	-0.40	-0.19	-30	-10	85	19	45	2.97	74	14	32	28	22	31	66
60	12113288	2236	3	27	80	1309	-0.05	0.01	43	46	92	27	80	3.07	85	17	39	0	0	-5	69
61	11111611	2235	3	40	802	1172	-0.01	-0.05	43	34	98	40	802	3.07	97	17	724	0	2	4	97
	11112637	2235	4	27	78	145	0.10	0.05	16	10	89	27	78	3.04	81	14	27	18	13	8	65
63	12105214	2233	6	45	367	759	0.13	0.06	43	33	98	45	367	3.06	96	14	37	1	1	5	71
64	11115615	2226	7	39	669	782	0.14	0.07	44	35	98	39	668	2.97	97	21	444	-1	-2	5	96
65	37314048	2216	5	26	403	206	0.24	0.21	33	31	97	26	402	2.93	95	24	486	1	6	-3	96
66	11112629	2214	5	42	264	787	0.01	-0.09	31	17	95	42	264	3.00	91	16	82	7	4	13	82
67	37109995	2211	3	56	239	1036	-0.07	-0.03	31	32	95	56	239	3.00	92	17	51	5	5	-3	74
68	11112620	2210	5	51	214	23	-0.02	0.02	-1	4	95	51	212	2.98	91	19	62	16	13	21	79
	31108521	2210	4	27	109	486	-0.11	-0.07	6	9	91	27	109	2.91	85	9	22	11	11	17	58
70	12104181	2206	8	62	843	530	0.10	0.02	32	20	99	62	838	3.04	98	23	172	10	6	3	90
71	11113665	2205	7	33	200	143	-0.03	0.05	2	11	95	33	199	2.97	90	13	33	14	11	16	68
72	12114322	2185	3	22	264	728	-0.04	-0.02	23	23	97	22	263	3.04	94	5	5	7	5	7	36
	37310040	2185	6	70	257	752	-0.11	-0.01	16	25	96	70	256	3.00	93	14	134	4	10	2	88
74	12105281	2183	3	30	153	748	-0.03	0.07	25	34	94	30	151	3.00	89	18	59	3	0	5	76
	37310029	2183	3	26	72	1201	-0.09	0.00	34	41	88	26	72	2.95	80	10	34	-4	0	-3	66
76	11112553	2178	3	34	79	371	-0.14	-0.09	-1	2	89	34	79	2.99	80	16	28	14	19	10	65

（续）

序号	牛号	CPI	女儿分布省数（个）	产奶性状								健康性状				体型性状					
				女儿分布场数（个）	女儿数（头）	产奶量（kg）	乳脂率（%）	乳蛋白率（%）	乳脂量（kg）	乳蛋白量（kg）	可靠性（%）	女儿分布场数（个）	女儿数（头）	体细胞评分	可靠性（%）	女儿分布场数（个）	女儿数（头）	体型总分	泌乳系统评分	肢蹄评分	可靠性（%）
77	12114324	2177	5	34	137	839	0.00	-0.04	32	24	94	34	136	3.09	88	5	12	7	5	1	46
	31111586	2177	7	31	143	658	-0.01	0.04	24	27	94	31	142	2.94	89	12	28	3	5	1	64
79	13205940	2175	10	63	939	309	0.13	0.08	25	20	99	63	927	3.03	98	18	133	7	9	0	87
80	12113301	2173	4	24	76	1079	-0.13	-0.01	26	36	90	24	76	3.09	83	2	4	2	-1	7	30
81	11113672	2171	9	39	167	169	0.12	0.00	19	5	94	39	166	2.92	88	18	69	11	6	16	80
	37304002	2171	7	56	389	646	0.04	-0.03	29	19	97	56	388	3.02	95	8	53	2	7	6	75
	37314037	2171	10	34	941	953	-0.15	-0.05	20	26	98	34	938	3.03	98	29	234	4	4	8	92
84	11111607	2170	7	88	751	1122	-0.09	-0.13	32	23	98	88	750	2.95	97	31	483	2	3	4	96
85	31109541	2162	7	64	207	516	-0.04	0.00	15	18	95	64	206	3.03	91	8	39	10	7	7	72
86	11114605	2160	10	60	570	383	-0.04	0.02	10	15	98	60	567	2.92	96	23	250	9	4	15	93
87	11111602	2157	5	98	1117	756	-0.13	-0.10	14	14	99	98	1115	2.94	98	36	716	7	9	7	97
	31108520	2157	17	98	1420	169	-0.09	0.02	-3	8	99	98	1417	3.00	99	31	592	12	15	11	97
89	12108230	2155	5	53	243	797	0.09	0.00	41	28	96	53	243	3.03	94	14	32	2	0	-1	67
90	31116164	2154	9	23	192	700	0.10	0.07	37	31	94	23	192	2.96	88	5	23	1	-2	0	60
91	12113309	2149	6	36	112	301	0.15	-0.01	27	9	93	36	112	2.99	86	7	15	10	10	0	49
	37308046	2149	6	38	266	610	-0.09	-0.01	13	19	96	38	263	2.97	92	8	23	4	8	7	60
93	37307015	2143	5	84	212	622	-0.13	-0.05	9	16	94	84	209	3.00	90	32	43	11	8	6	70
94	11113655	2141	7	30	153	-5	0.22	0.02	23	2	94	30	150	2.92	89	15	115	10	10	6	86
95	12108240	2134	7	55	406	18	0.11	0.03	13	4	97	55	398	3.04	96	14	41	15	7	14	71
96	37309015	2131	6	89	196	714	-0.11	-0.06	15	17	94	89	196	3.00	90	15	19	7	7	5	54

（续）

序号	牛号	CPI	女儿分布省数（个）	产奶性状								健康性状				体型性状					
				女儿分布场数（个）	女儿数（头）	产奶量（kg）	乳脂率（%）	乳蛋白率（%）	乳脂量（kg）	乳蛋白量（kg）	可靠性（%）	女儿分布场数（个）	女儿数（头）	体细胞评分	可靠性（%）	女儿分布场数（个）	女儿数（头）	体型总分	泌乳系统评分	肢蹄评分	可靠性（%）
97	11112639	2130	3	22	161	223	-0.03	0.01	5	9	95	22	161	3.04	91	15	116	12	10	11	87
	37313019	2130	4	27	81	608	-0.02	0.04	22	26	89	26	80	3.04	80	20	58	4	1	6	74
99	11112531	2124	3	37	101	186	-0.01	-0.03	6	3	91	37	101	3.03	85	15	31	15	13	7	67
100	31114207	2121	8	27	124	811	0.09	-0.07	40	19	92	27	124	2.99	85	4	18	3	3	-4	56
	37308045	2121	9	64	482	651	0.00	0.00	24	23	98	64	477	2.98	96	15	66	3	1	5	79
102	31109531	2120	13	114	1486	744	0.04	-0.06	32	19	99	114	1480	2.99	98	21	378	2	3	2	95
	31111250	2120	3	31	91	790	-0.01	-0.04	28	22	90	31	91	2.95	83	7	12	4	0	3	46
104	41113894	2116	3	30	287	857	0.03	-0.02	35	26	96	30	287	2.90	93	1	46	-1	5	-12	73
105	11115621	2113	6	29	678	541	0.04	0.05	25	24	98	29	673	3.02	97	19	786	1	2	4	97
	37312038	2113	11	46	1192	908	-0.06	-0.01	28	30	99	46	1184	2.95	98	15	534	-2	2	-4	96
107	11114672	2112	7	39	623	246	0.21	0.05	32	15	98	39	623	3.00	97	15	328	3	2	6	94
108	12109254	2106	3	36	220	206	-0.05	0.01	4	8	96	36	220	3.03	93	15	57	12	8	12	78
109	12108242	2104	3	46	143	527	0.13	0.06	35	25	95	46	143	3.06	91	11	31	3	-5	7	65
110	37308051	2103	8	44	332	1300	-0.12	-0.13	36	29	97	44	332	2.98	94	11	28	-5	0	-2	64
111	11109693	2099	15	151	2867	678	0.11	0.02	38	25	99	151	2856	2.97	99	42	824	-1	0	-4	97
112	11112535	2098	4	34	68	-283	-0.01	-0.05	-12	-15	87	34	68	2.82	78	15	28	19	16	16	66
113	31108523	2097	9	82	1748	961	-0.14	-0.13	20	17	99	82	1746	2.96	99	19	398	2	3	7	95
114	11113573	2094	3	20	47	-474	0.01	-0.04	-17	-21	85	20	47	3.01	75	9	18	21	19	25	57
115	31113676	2092	6	29	83	357	0.11	0.00	25	12	90	29	83	3.01	81	7	14	7	2	7	49
116	37314047	2090	5	30	130	698	0.03	0.00	30	24	92	30	130	2.94	85	28	111	0	2	-5	85

（续）

序号	牛号	CPI	女儿分布省数（个）	产奶性状								健康性状				体型性状					
				女儿分布场数（个）	女儿数（头）	产奶量（kg）	乳脂率（%）	乳蛋白率（%）	乳脂量（kg）	乳蛋白量（kg）	可靠性（%）	女儿分布场数（个）	女儿数（头）	体细胞评分	可靠性（%）	女儿分布场数（个）	女儿数（头）	体型总分	泌乳系统评分	肢蹄评分	可靠性（%）
117	37303017	2087	8	33	527	175	-0.16	-0.02	-11	4	98	33	527	2.98	96	12	74	11	17	6	79
118	37313025	2086	8	42	343	725	-0.20	0.00	5	25	97	42	342	3.07	94	31	268	5	5	4	93
119	37308019	2084	6	51	417	453	0.01	-0.04	19	11	97	51	417	2.99	96	17	109	5	3	10	86
120	12101131	2080	8	58	943	327	0.03	-0.14	16	-5	99	58	943	2.97	98	16	150	10	9	12	90
121	12113307	2075	5	45	192	397	0.19	0.04	35	18	94	45	190	2.99	90	3	7	-2	3	-2	36
122	11112533	2074	5	39	96	443	-0.14	-0.07	2	7	91	39	96	3.01	83	18	37	11	10	6	70
123	31113658	2071	7	33	154	423	-0.08	0.00	8	15	93	33	154	2.97	88	14	36	4	11	-3	69
124	31106123	2070	10	41	684	569	0.02	-0.11	23	6	98	41	682	3.00	97	17	174	6	3	10	90
	37310016	2070	7	66	542	897	-0.09	-0.11	24	18	97	66	539	2.97	95	16	59	3	1	2	76
126	37304006	2069	5	33	149	125	0.11	0.02	16	7	93	33	148	2.93	88	7	12	6	5	7	47
127	31114686	2068	9	19	639	876	-0.19	-0.05	12	24	98	19	639	2.95	97	13	312	3	4	-3	94
128	12109253	2063	4	40	648	17	0.06	-0.06	7	-6	98	40	640	3.04	97	16	131	12	10	15	88
129	31114689	2059	6	28	262	765	-0.34	-0.15	-9	8	96	28	260	2.75	91	8	24	7	4	14	60
130	15514113	2056	4	26	102	601	-0.13	-0.02	9	19	91	26	102	2.97	84	1	15	3	4	3	51
131	37316040	2055	7	17	143	1464	-0.24	-0.12	28	35	91	17	137	3.00	81	5	9	-5	-4	-3	36
132	12114332	2054	3	21	356	519	0.02	-0.04	22	13	97	21	350	3.11	94	3	32	5	3	6	67
133	11111606	2053	8	66	777	355	0.09	0.06	23	19	98	66	776	2.98	97	21	586	2	0	2	97
	11114612	2053	5	37	375	88	0.37	0.08	42	12	97	37	372	3.01	94	12	307	0	2	-3	94
135	31104479	2051	6	47	426	416	-0.01	-0.03	14	10	97	47	425	2.96	95	15	93	3	7	3	84
	37310021	2051	8	102	610	693	-0.07	-0.06	18	17	98	102	609	3.00	96	22	87	3	5	-2	83

（续）

序号	牛号	CPI	女儿分布省数（个）	产奶性状								健康性状				体型性状					
				女儿分布场数（个）	女儿数（头）	产奶量（kg）	乳脂率（%）	乳蛋白率（%）	乳脂量（kg）	乳蛋白量（kg）	可靠性（%）	女儿分布场数（个）	女儿数（头）	体细胞评分	可靠性（%）	女儿分布场数（个）	女儿数（头）	体型总分	泌乳系统评分	肢蹄评分	可靠性（%）
137	31108107	2049	10	52	321	723	-0.15	-0.03	11	21	97	52	321	3.00	94	16	148	2	1	6	89
138	37308056	2047	7	45	247	493	-0.12	-0.04	5	12	96	45	247	2.96	92	8	17	6	7	3	54
	37310001	2047	3	84	259	318	-0.04	-0.02	8	9	96	84	259	3.00	93	11	28	4	8	6	63
140	31112645	2046	9	27	132	654	-0.08	-0.10	16	11	93	27	132	2.86	88	10	27	2	3	4	64
141	11110525	2042	4	67	456	80	0.00	-0.02	2	0	97	67	455	3.01	95	20	85	9	8	14	83
142	12114323	2039	5	40	320	770	-0.13	-0.05	15	21	97	40	317	3.05	94	4	4	2	2	2	33
143	15516052	2038	6	23	786	232	0.05	0.07	14	15	98	23	784	2.99	97	3	26	1	4	4	62
144	12112285	2035	3	27	89	992	-0.23	-0.01	13	33	92	27	88	3.07	87	16	31	1	-1	-3	66
145	12106282	2034	4	42	208	565	-0.09	-0.03	11	16	96	41	206	2.99	93	17	51	4	3	3	74
146	11112650	2032	4	26	134	412	-0.01	-0.01	14	13	92	26	134	2.97	85	16	86	3	2	6	83
147	11110524	2028	10	82	1588	102	0.07	0.00	11	4	99	82	1585	3.04	99	21	349	6	8	6	95
	37310036	2028	10	104	1670	1155	-0.32	-0.17	8	19	99	104	1661	3.04	99	28	623	4	0	8	97
149	37310032	2024	4	37	166	802	-0.24	-0.09	5	17	95	37	166	3.05	90	13	55	6	5	1	75
150	11110533	2020	10	88	1435	808	-0.18	-0.01	11	27	99	88	1432	2.99	99	28	531	-1	-2	3	96
	37315010	2020	11	20	689	443	-0.10	0.01	6	17	98	20	679	3.03	96	10	543	6	1	6	96
152	11114603	2019	7	34	173	81	0.22	0.03	26	6	93	34	170	3.06	88	7	14	4	5	1	52
153	31110560	2015	3	49	178	598	-0.09	-0.07	13	12	94	49	178	3.01	90	10	18	5	0	8	53
	31111613	2015	7	67	255	623	-0.09	0.01	13	23	95	67	252	2.91	91	14	21	-2	-2	3	58
155	12113311	2013	6	39	103	798	0.09	-0.02	40	25	92	39	103	3.00	85	6	14	-6	-10	5	49
156	11112536	2012	3	43	144	-135	0.04	0.00	-1	-4	93	43	144	2.97	87	17	32	8	9	13	67

（续）

序号	牛号	CPI	女儿分布省数（个）	产奶性状								健康性状				体型性状					
				女儿分布场数（个）	女儿数（头）	产奶量（kg）	乳脂率（%）	乳蛋白率（%）	乳脂量（kg）	乳蛋白量（kg）	可靠性（%）	女儿分布场数（个）	女儿数（头）	体细胞评分	可靠性（%）	女儿分布场数（个）	女儿数（头）	体型总分	泌乳系统评分	肢蹄评分	可靠性（%）
157	11115633	2007	8	29	1056	173	0.15	0.00	22	6	99	29	1053	3.02	98	10	931	4	5	0	98
158	11109655	2006	14	110	1486	248	-0.01	-0.04	8	4	99	110	1483	2.96	99	30	440	6	7	3	96
159	53210173	2003	5	75	356	553	-0.09	-0.02	12	17	97	75	355	3.01	95	19	53	3	2	0	74
160	37307001	2000	15	161	896	-109	-0.08	-0.06	-13	-10	98	160	891	2.98	98	36	147	14	11	16	88
	37314058	2000	4	26	634	467	0.02	-0.05	20	10	98	26	631	2.93	96	20	369	1	-1	6	95
162	31114208	1998	7	19	61	162	0.02	0.05	8	11	87	19	61	2.88	78	7	18	1	6	-2	56
	37308027	1998	7	68	416	433	0.01	0.02	18	17	97	68	411	3.03	95	19	70	-1	1	2	80
164	11105007	1995	8	68	994	532	-0.01	-0.01	19	17	99	68	993	3.00	98	18	154	-2	-2	6	90
	11109658	1995	4	45	446	457	-0.13	-0.09	3	5	98	45	445	2.96	96	15	210	5	9	1	92
166	11111615	1992	6	35	208	420	-0.18	-0.07	-4	6	95	35	208	3.04	90	14	29	7	9	5	66
167	13205120	1987	5	38	234	41	0.04	0.05	5	7	95	38	233	3.02	91	8	21	6	6	3	53
168	11111512	1986	6	66	860	1036	-0.27	-0.08	9	25	98	66	859	2.97	98	24	602	-3	-3	4	97
169	12112284	1985	3	40	273	570	-0.01	-0.05	20	14	97	40	271	3.02	94	11	22	1	-1	3	58
170	11115601	1982	5	25	307	699	0.00	-0.15	26	7	96	25	307	3.02	93	10	152	2	-1	5	89
171	11112532	1981	3	37	95	76	-0.05	-0.02	-3	1	91	37	95	3.04	83	17	30	7	9	8	66
	11113575	1981	6	33	98	618	-0.06	-0.07	16	13	91	33	98	2.85	83	8	30	1	-2	1	66
	31106509	1981	7	56	809	754	-0.03	0.01	25	26	98	56	806	2.95	98	13	57	-4	-4	-6	77
174	31104161	1979	14	87	1098	743	-0.16	-0.10	10	14	99	86	1090	3.01	98	27	372	1	-1	8	95
175	12108250	1977	4	50	335	232	0.02	-0.04	11	3	97	50	334	2.96	95	16	87	5	0	11	83
176	31113669	1975	8	27	114	880	-0.06	-0.05	27	24	92	27	113	3.03	84	8	24	-5	-8	5	62

（续）

序号	牛号	CPI	女儿分布省数（个）	产奶性状								健康性状				体型性状					
				女儿分布场数（个）	女儿数（头）	产奶量（kg）	乳脂率（%）	乳蛋白率（%）	乳脂量（kg）	乳蛋白量（kg）	可靠性（%）	女儿分布场数（个）	女儿数（头）	体细胞评分	可靠性（%）	女儿分布场数（个）	女儿数（头）	体型总分	泌乳系统评分	肢蹄评分	可靠性（%）
177	37310011	1973	4	48	183	608	-0.07	-0.03	16	17	94	48	183	2.95	89	18	52	3	-8	8	74
178	37312039	1972	9	30	459	532	-0.07	-0.02	13	16	98	30	456	2.97	96	13	287	-1	-2	5	93
179	11101916	1970	17	334	5511	425	0.05	0.01	22	15	99	331	5501	3.02	99	75	846	-2	-2	3	97
180	31111624	1968	5	47	107	705	0.01	-0.05	28	18	91	47	107	2.95	83	12	35	-4	-6	2	68
181	11112625	1967	3	40	429	382	0.04	-0.06	19	6	97	40	429	3.04	95	17	206	2	-1	9	92
	37308035	1967	8	58	524	-115	0.09	0.05	5	1	98	58	516	2.89	96	16	262	2	6	5	93
183	37310010	1962	3	48	121	1045	-0.18	-0.07	19	28	92	47	120	2.86	85	15	39	-4	-9	-2	68
184	11109617	1961	3	31	105	538	-0.09	-0.04	11	13	92	31	105	3.01	86	15	35	2	-3	8	70
	31114209	1961	8	28	485	390	-0.10	-0.07	4	5	98	28	485	2.90	96	14	142	4	2	6	89
186	11112537	1959	4	64	201	-361	0.11	0.07	-2	-4	95	64	201	2.99	90	20	71	10	8	6	80
187	11112622	1958	4	53	312	956	-0.15	-0.09	19	22	96	53	312	3.05	92	17	106	0	-5	0	86
188	31106505	1957	10	38	197	352	0.04	-0.09	17	2	95	38	197	2.94	92	5	11	4	-1	7	41
	31113219	1957	10	25	327	146	0.03	0.04	8	9	97	25	327	2.91	94	13	83	0	2	3	83
	31113661	1957	8	45	767	120	0.11	0.04	16	9	98	44	765	2.99	98	21	298	1	-2	7	94
191	31106131	1952	13	77	821	306	0.11	-0.01	24	9	98	77	816	3.04	98	19	59	0	2	-3	77
192	37310007	1950	4	40	141	634	-0.12	-0.01	10	20	93	40	141	3.00	88	15	43	-3	-4	6	70
193	31108526	1947	12	113	1813	140	-0.11	0.06	-6	11	99	113	1806	2.95	99	32	653	1	3	7	97
194	11111506	1942	3	50	211	309	-0.06	-0.04	5	6	95	50	211	2.99	90	13	26	4	7	-4	64
195	11113669	1941	3	21	45	-612	0.22	-0.03	0	-24	84	21	45	3.04	73	13	30	14	8	21	66
196	11111520	1939	3	26	93	873	-0.05	-0.05	27	24	90	26	93	3.07	83	7	24	-3	-8	-1	63

（续）

序号	牛号	CPI	女儿分布省数（个）	产奶性状							健康性状				体型性状					
				女儿分布场数（个）	女儿数（头）	产奶量（kg）	乳脂率（%）	乳蛋白率（%）	乳脂量（kg）	乳蛋白量（kg）	可靠性（%）	女儿分布场数（个）	女儿数（头）	体细胞评分	可靠性（%）	女儿分布场数（个）	女儿数（头）	体型总分	泌乳系统评分	肢蹄评分	可靠性（%）
197	31106508	1938	15	84	1188	376	0.07	-0.03	21	10	99	84	1182	2.97	98	20	332	0	2	-7	95
198	11109802	1937	10	53	545	6	0.06	0.03	7	4	98	53	543	2.98	96	15	64	4	0	8	79
	31104158	1937	17	147	2430	80	0.01	0.08	4	12	99	147	2428	2.95	99	27	170	2	-1	4	90
200	37310039	1935	6	95	582	880	-0.20	-0.10	11	19	98	95	582	2.98	97	24	186	-2	-5	4	90
201	53210194	1931	5	74	347	278	-0.12	-0.06	-2	3	97	74	346	3.03	94	19	32	2	9	2	63
	(37310026*)																				
202	11111522	1930	5	47	252	541	-0.07	-0.15	12	2	96	47	252	2.98	93	14	123	1	1	7	87
203	12113294	1928	6	30	100	520	0.04	0.01	24	19	92	30	100	3.04	86	7	22	-2	-5	-3	59
204	11110503	1927	5	42	191	-272	0.01	-0.05	-9	-15	95	42	191	2.95	90	18	67	10	14	5	80
	12109261	1927	3	30	317	-177	0.10	0.02	4	-4	97	30	315	2.95	95	6	24	8	6	1	62
	13204377	1927	10	33	377	734	-0.09	-0.01	18	24	97	33	377	2.96	95	14	72	-5	-6	-3	77
207	37311009	1925	3	25	103	419	-0.11	-0.07	4	7	92	25	103	2.94	85	8	36	2	3	0	69
208	12105280	1922	4	33	393	55	-0.10	0.01	-9	4	98	33	392	2.96	96	20	134	4	8	1	87
209	31109546	1920	8	50	397	491	-0.23	-0.01	-7	16	97	50	397	2.93	96	11	123	2	-2	5	87
210	31109715	1913	4	29	125	196	-0.14	-0.07	-8	-2	93	29	125	3.06	86	5	90	7	7	8	83
	37313035	1913	8	34	721	245	0.09	0.02	19	11	98	34	721	2.99	97	30	575	-2	-2	-1	96
212	11114616	1911	3	33	71	202	-0.03	-0.01	4	5	89	33	70	2.96	81	8	21	2	0	6	59
213	37310022	1908	9	90	967	488	-0.22	-0.07	-6	9	99	90	966	3.02	98	25	288	3	4	2	94
214	14114061	1906	5	18	72	-243	0.27	0.07	20	-1	88	18	72	2.93	77	7	19	1	-1	3	55
	37308052	1906	9	69	606	323	-0.06	-0.01	6	10	98	69	605	2.95	96	17	88	-1	-1	3	82
216	31110279	1904	9	57	359	403	-0.04	-0.09	11	4	97	57	358	3.02	95	15	77	1	1	3	81

（续）

序号	牛号	CPI	女儿分布省数（个）	产奶性状								健康性状				体型性状					
				女儿分布场数（个）	女儿数（头）	产奶量（kg）	乳脂率（%）	乳蛋白率（%）	乳脂量（kg）	乳蛋白量（kg）	可靠性（%）	女儿分布场数（个）	女儿数（头）	体细胞评分	可靠性（%）	女儿分布场数（个）	女儿数（头）	体型总分	泌乳系统评分	肢蹄评分	可靠性（%）
217	11103474	1903	10	39	448	126	0.02	0.01	7	5	97	39	447	3.06	96	4	5	0	5	0	32
	11109530	1903	5	41	224	524	-0.08	-0.06	11	11	95	41	222	3.06	91	9	23	2	1	-4	59
219	11109522	1898	4	70	341	131	0.00	-0.03	4	1	97	70	341	2.98	94	13	72	5	4	-1	81
	13210143	1898	5	85	553	116	0.00	0.00	5	4	97	85	552	2.95	96	25	355	4	0	2	95
221	15514290	1897	8	36	1019	437	-0.15	-0.13	0	0	99	36	1007	3.01	98	13	214	4	2	8	92
222	11101905	1896	11	97	1086	624	-0.15	-0.01	8	21	99	97	1084	2.98	98	26	245	-5	0	-8	93
	31108525	1896	9	49	1447	701	-0.12	-0.16	13	5	99	49	1445	2.97	99	16	281	-1	-1	3	93
	37313024	1896	7	42	789	321	-0.11	-0.07	1	3	98	42	781	2.99	98	28	510	3	-3	13	96
225	11109751	1894	8	71	685	606	-0.17	-0.04	4	16	98	71	685	3.04	97	26	277	-4	-3	6	94
	11111516	1894	3	22	163	495	-0.16	-0.05	1	12	95	22	163	3.10	90	7	68	2	-1	5	80
227	31108102	1892	6	35	120	228	-0.03	0.04	5	13	92	35	120	2.93	86	7	18	-2	-3	2	56
228	31104485	1891	11	95	765	358	-0.08	-0.02	4	10	98	94	764	2.90	97	17	65	-2	-1	1	78
229	31104169	1887	14	96	1152	170	-0.19	0.00	-14	6	99	94	1147	2.92	98	23	68	4	0	9	81
	37304004	1887	13	86	1053	-274	-0.07	-0.03	-17	-13	99	86	1049	3.01	98	17	328	12	2	23	94
231	11111527	1886	3	45	263	573	-0.28	0.01	-9	21	96	45	263	3.02	94	13	142	-1	-3	4	89
232	11112501	1883	3	22	44	262	-0.25	0.03	-17	12	84	22	44	3.05	74	16	30	2	4	4	66
233	37308055	1877	7	35	269	-31	-0.09	-0.04	-10	-5	96	35	269	2.97	93	7	30	7	6	5	64
234	37308037	1876	7	47	402	707	-0.04	-0.03	22	21	97	47	395	3.00	94	14	147	-5	-3	-14	89
235	31115400	1873	12	27	417	-257	0.14	0.01	5	-7	97	27	412	2.88	94	12	229	5	4	-1	92
236	11111610	1866	10	43	153	218	-0.24	-0.07	-18	-1	93	43	153	2.87	88	20	50	5	5	4	76

（续）

序号	牛号	CPI	女儿分布省数（个）	产奶性状								健康性状				体型性状					
				女儿分布场数（个）	女儿数（头）	产奶量（kg）	乳脂率（%）	乳蛋白率（%）	乳脂量（kg）	乳蛋白量（kg）	可靠性（%）	女儿分布场数（个）	女儿数（头）	体细胞评分	可靠性（%）	女儿分布场数（个）	女儿数（头）	体型总分	泌乳系统评分	肢蹄评分	可靠性（%）
237	12111278	1865	6	69	344	837	-0.13	-0.05	17	23	97	68	343	2.96	95	24	60	-6	-6	-10	77
	37308009	1865	5	42	207	186	-0.12	0.00	-5	6	95	42	207	2.98	90	7	35	1	-1	7	65
239	31106500	1864	13	132	1550	-355	0.19	0.10	7	-1	99	132	1543	2.94	99	19	237	1	3	-2	93
	41115862	1864	3	21	68	442	-0.08	-0.05	8	10	87	21	68	2.99	76	5	62	-1	-4	2	77
241	11101906	1863	22	242	3748	227	-0.05	0.09	4	18	99	242	3744	2.98	99	50	719	-4	-2	-5	97
242	37309014	1861	4	69	278	432	0.07	0.00	24	15	96	69	278	2.97	93	10	60	-8	-9	1	77
243	11109648	1860	5	32	279	755	-0.17	-0.17	10	6	96	32	279	2.99	93	15	75	-4	-1	2	81
244	13210147	1859	6	99	1339	115	-0.01	0.00	3	4	99	98	1333	2.94	98	40	593	2	1	-3	96
245	11111616	1858	8	57	1089	202	-0.02	-0.07	6	-1	99	57	1083	3.01	98	28	813	2	1	3	97
	31108100	1858	19	178	5536	620	-0.21	-0.10	0	9	99	177	5527	3.01	99	42	1462	-1	0	1	98
247	31108101	1856	13	93	935	66	-0.06	0.05	-3	8	98	92	932	2.97	98	25	287	1	0	0	94
248	11113556	1854	4	23	63	-496	0.12	-0.01	-6	-18	87	23	63	3.03	76	13	20	6	10	9	59
	13205607	1854	7	50	839	-38	0.00	-0.05	-1	-7	98	50	836	2.95	97	17	304	4	6	0	94
250	11111603	1852	7	46	162	0	-0.14	-0.03	-14	-3	94	46	162	2.95	88	18	44	6	3	7	72
	12113304	1852	3	35	278	-46	0.17	-0.04	17	-6	96	35	275	3.13	92	3	8	1	1	6	38
	37309019	1852	3	70	218	88	-0.05	-0.05	-2	-3	95	70	218	3.00	91	15	35	3	2	6	66
253	11109699	1847	3	33	276	620	-0.09	-0.08	14	11	97	33	276	3.00	95	15	199	-3	-3	-5	92
	11111509	1847	5	57	277	-260	0.05	0.02	-5	-7	96	57	276	3.09	94	19	124	7	6	4	88
255	11112530	1844	4	43	85	-212	-0.04	-0.09	-12	-17	90	43	85	3.00	82	17	29	9	6	13	65
256	11103838	1843	5	34	169	115	0.03	0.04	8	8	95	34	169	3.01	90	8	38	-3	2	-7	70

（续）

序号	牛号	CPI	女儿分布省数（个）	产奶性状								健康性状				体型性状					
				女儿分布场数（个）	女儿数（头）	产奶量（kg）	乳脂率（%）	乳蛋白率（%）	乳脂量（kg）	乳蛋白量（kg）	可靠性（%）	女儿分布场数（个）	女儿数（头）	体细胞评分	可靠性（%）	女儿分布场数（个）	女儿数（头）	体型总分	泌乳系统评分	肢蹄评分	可靠性（%）
	37312040	1843	8	29	385	91	-0.17	-0.14	-15	-13	97	29	383	2.98	95	20	135	10	7	7	88
258	11101917	1841	18	389	8791	488	-0.03	-0.02	15	15	99	389	8783	3.00	99	74	1523	-5	-4	-7	98
259	11111529	1840	3	33	121	236	-0.06	-0.03	2	4	92	33	121	3.02	86	12	31	0	2	-2	67
	11114633	1840	5	25	151	-337	0.07	-0.01	-5	-12	93	25	148	2.81	87	8	42	3	5	3	72
	31115194	1840	4	17	295	-155	-0.32	0.03	-39	-2	97	17	294	2.85	93	5	73	8	7	7	80
262	11109663	1838	7	73	998	498	-0.13	-0.05	5	11	98	73	996	2.95	98	28	87	-2	3	-14	83
	13314083	1838	9	41	557	642	-0.10	-0.06	13	15	98	41	556	2.99	96	5	92	-5	-6	-3	83
264	37309010	1837	6	71	255	177	-0.03	0.01	3	7	96	71	253	3.05	93	15	31	-1	2	-4	65
265	11110001	1830	5	35	488	290	0.01	-0.07	12	2	97	35	487	3.04	95	11	83	0	2	-7	83
266	11109665	1829	18	217	5073	32	0.05	0.07	7	9	99	217	5064	2.98	99	58	2406	-3	-3	-2	99
267	11101929	1828	14	183	4159	593	-0.20	0.01	1	22	99	183	4156	2.95	99	54	1079	-7	-6	-4	98
268	11109745	1821	17	168	4699	538	-0.18	0.00	1	19	99	168	4692	2.98	99	53	2250	-3	-3	-10	99
269	11105467	1819	13	41	335	169	-0.03	0.02	3	8	97	41	335	3.06	94	7	32	-3	0	-2	66
270	13210145	1818	5	70	497	268	-0.11	0.00	-1	9	97	69	492	2.95	95	27	345	-2	-4	1	95
271	11108672	1815	9	78	1077	152	-0.09	-0.06	-4	-2	99	78	1077	3.04	98	24	437	2	6	-4	96
272	31110556	1814	6	48	315	-85	-0.21	-0.10	-26	-14	96	48	314	3.00	94	7	8	10	10	6	43
273	11109804	1809	12	117	2399	-137	0.09	0.05	5	1	99	117	2397	3.01	99	47	1023	-2	-2	3	98
	11111501	1809	4	35	368	1111	-0.27	-0.09	11	28	97	35	366	3.07	95	16	277	-9	-18	8	94
275	11114626	1808	8	41	337	-336	0.15	0.00	3	-11	96	41	337	3.14	93	6	200	4	2	9	91
276	11102691	1807	7	122	687	-151	-0.08	0.03	-15	-2	98	122	686	2.97	97	14	20	5	6	-4	53

（续）

序号	牛号	CPI	女儿分布省数（个）	产奶性状							健康性状				体型性状					
				女儿分布场数（个）	女儿数（头）	产奶量（kg）	乳脂率（%）	乳蛋白率（%）	乳脂量（kg）	乳蛋白量（kg）	可靠性（%）	女儿分布场数（个）	女儿数（头）	体细胞评分	可靠性（%）	女儿分布场数（个）	女儿数（头）	体型总分	泌乳系统评分	肢蹄评分	可靠性（%）
	13210187	1807	7	106	893	-104	-0.03	0.03	-7	-1	98	105	889	2.99	97	52	412	0	3	1	95
	37313017	1807	9	48	888	-58	0.07	-0.02	5	-4	98	48	884	2.97	98	33	439	0	0	1	95
279	13203330	1806	13	92	1367	203	0.09	0.02	18	9	99	92	1363	3.00	98	42	419	-6	-8	0	95
280	37311025	1805	5	33	129	-169	0.11	0.12	6	8	93	33	129	2.98	86	10	105	-2	-3	-5	85
281	31110562	1804	11	38	456	-739	0.11	0.07	-16	-17	97	38	455	2.95	96	13	158	8	9	3	90
282	13210240	1801	6	99	870	124	0.00	0.02	4	6	98	99	862	2.96	97	50	573	-2	-3	-3	96
283	13203832	1800	9	69	846	-22	0.09	0.10	9	10	98	69	844	3.02	98	36	351	-4	-2	-8	94
284	11111503	1799	7	69	1088	276	-0.02	-0.11	9	-3	99	69	1085	3.01	98	27	747	-2	-3	5	97
285	11111609	1798	8	45	399	-136	-0.05	-0.04	-11	-9	97	45	394	2.90	94	16	77	1	-1	13	82
286	37304014	1796	10	46	833	185	-0.15	-0.02	-10	5	98	46	833	2.95	97	18	69	2	-6	7	77
287	11102909	1793	12	98	1415	79	0.02	0.08	6	12	99	98	1415	3.04	99	33	487	-4	-4	-5	96
288	12112283	1788	7	45	118	-259	0.04	0.02	-4	-7	93	45	117	3.03	89	9	13	5	3	-1	51
289	13210144	1783	5	66	539	-13	-0.05	0.00	-6	0	97	65	532	2.97	95	19	299	0	0	0	94
290	37308050	1780	4	33	184	342	-0.01	-0.06	12	5	95	33	183	3.00	92	8	55	-2	-8	0	76
291	37307017	1779	3	74	240	-425	-0.04	-0.05	-20	-20	95	74	238	2.94	91	31	79	7	3	16	80
292	31111580	1778	6	33	184	105	-0.05	-0.01	0	2	94	33	183	3.00	88	9	65	-2	-2	0	79
293	11106002	1773	22	272	4713	551	-0.10	-0.07	9	11	99	272	4707	2.99	99	42	805	-6	-8	-2	97
294	31109542	1772	6	60	205	-251	-0.08	-0.03	-18	-11	95	60	204	2.99	92	13	70	5	7	1	81
295	11109012	1771	13	108	1002	230	0.16	-0.08	26	-1	99	108	998	3.00	98	29	593	-5	-8	-1	97
	11111519	1771	3	26	91	202	0.19	0.00	28	6	90	26	91	2.96	82	9	26	-8	-7	-10	60

（续）

序号	牛号	CPI	女儿分布省数（个）	产奶性状								健康性状				体型性状					
				女儿分布场数（个）	女儿数（头）	产奶量（kg）	乳脂率（%）	乳蛋白率（%）	乳脂量（kg）	乳蛋白量（kg）	可靠性（%）	女儿分布场数（个）	女儿数（头）	体细胞评分	可靠性（%）	女儿分布场数（个）	女儿数（头）	体型总分	泌乳系统评分	肢蹄评分	可靠性（%）
297	11110545	1767	4	41	238	-84	0.03	-0.06	0	-10	95	41	238	3.01	92	12	63	1	1	3	80
298	11108549	1766	8	75	1100	-62	-0.03	-0.06	-5	-9	99	75	1098	3.08	98	19	286	1	-2	13	94
299	13210224	1765	8	94	828	192	-0.09	-0.03	-2	3	98	93	816	2.95	97	45	429	-2	-3	-2	95
300	11106001	1763	9	62	557	162	-0.07	-0.06	-2	-1	98	61	556	2.98	96	17	112	-1	-3	2	85
301	13210146	1760	5	84	802	-195	0.01	0.04	-6	-2	98	84	797	2.97	97	30	348	2	-2	0	95
	37314040	1760	13	61	1427	95	-0.07	-0.04	-4	-1	99	61	1396	2.97	98	30	513	-3	-1	1	96
303	13204748	1757	11	107	1884	337	-0.29	-0.09	-19	2	99	107	1882	2.98	99	36	863	2	2	-3	97
	37311007	1757	5	26	614	125	-0.14	0.02	-10	6	98	26	611	2.98	97	16	188	2	6	-20	91
305	11104849	1753	11	95	1569	285	-0.19	-0.10	-10	-1	99	95	1567	3.05	99	32	434	1	0	1	96
	13203679	1753	12	81	865	-4	0.14	0.04	15	4	98	80	861	2.97	98	31	201	-5	-11	2	90
307	11109518	1750	11	138	1998	107	-0.09	-0.04	-6	-1	99	138	1996	3.01	99	42	902	0	-2	1	98
	13313080	1750	7	39	624	-639	0.19	0.05	-4	-17	98	39	623	2.97	97	9	49	3	2	5	73
	31112232	1750	11	32	587	-219	0.04	0.04	-4	-3	98	32	585	3.04	97	16	264	1	2	-5	93
310	37304018	1748	8	44	536	15	0.07	-0.02	8	-2	98	44	536	2.95	96	19	145	-1	-4	-5	87
311	11101930	1746	15	186	3228	543	-0.15	-0.11	4	5	99	186	3225	3.05	99	50	826	-6	-3	-3	97
312	11110650	1741	4	35	179	-56	-0.10	-0.01	-13	-3	94	35	179	2.98	88	4	36	-1	-2	6	67
313	31115694	1739	8	17	170	-308	-0.06	0.02	-18	-9	95	17	169	3.02	89	10	53	5	3	2	76
314	11109571	1738	15	101	988	289	-0.05	-0.05	5	4	99	101	987	3.01	98	25	215	-3	-5	-5	92
	11199821	1738	15	200	3111	36	-0.11	-0.01	-10	1	99	200	3107	2.97	99	34	414	-4	-2	2	95
316	11114635	1734	4	24	68	-607	0.28	-0.01	6	-22	88	24	68	2.97	80	13	41	4	4	-3	72

（续）

序号	牛号	CPI	女儿分布省数（个）	产奶性状								健康性状				体型性状					
				女儿分布场数（个）	女儿数（头）	产奶量（kg）	乳脂率（%）	乳蛋白率（%）	乳脂量（kg）	乳蛋白量（kg）	可靠性（%）	女儿分布场数（个）	女儿数（头）	体细胞评分	可靠性（%）	女儿分布场数（个）	女儿数（头）	体型总分	泌乳系统评分	肢蹄评分	可靠性（%）
317	31104180	1731	14	124	1855	38	0.04	-0.07	6	-7	99	124	1853	2.98	99	23	293	-2	-4	1	94
318	31109289	1729	14	123	2394	-178	-0.10	0.03	-17	-3	99	123	2386	2.99	99	33	882	1	2	-2	98
319	11109597	1727	9	52	694	28	-0.05	-0.05	-4	-4	98	52	690	2.99	97	16	186	-1	-4	3	91
320	11111508	1726	4	40	167	-139	-0.01	0.04	-6	0	93	40	167	2.98	87	6	16	-5	-2	0	53
	37310027	1726	10	105	807	-110	0.11	0.00	8	-4	98	105	806	2.94	97	21	211	-4	-1	-9	92
322	11102912	1725	19	326	4738	-35	0.09	0.06	9	5	99	326	4732	2.96	99	79	827	-6	-7	-6	97
323	31113663	1722	11	36	167	-213	0.15	0.05	7	-2	94	36	167	2.91	89	10	36	-5	-4	-6	67
324	11110528	1721	4	63	420	-225	-0.02	-0.01	-11	-9	97	63	420	3.01	95	12	46	2	2	-1	74
325	11109567	1720	11	121	1914	-179	0.03	0.11	-3	7	99	121	1909	3.00	99	31	776	-4	-4	-7	97
326	11102910	1719	16	290	3740	233	-0.19	0.00	-11	8	99	290	3736	2.99	99	72	821	-3	-6	-1	97
	11109722	1719	10	57	745	555	-0.11	-0.09	9	8	98	57	745	3.11	98	32	418	-5	-10	0	96
328	11111515	1717	3	29	249	-67	-0.03	-0.04	-6	-7	96	29	249	3.00	93	17	189	-1	-5	8	91
329	11106006	1709	7	46	295	632	-0.11	-0.03	12	18	97	46	295	3.12	94	12	93	-8	-11	-9	85
330	31109295	1708	9	34	628	-408	0.11	0.04	-3	-10	98	34	624	2.96	97	9	95	-2	-2	2	84
331	31106140	1700	8	58	910	-86	-0.07	-0.03	-11	-6	99	58	908	3.00	98	16	276	-2	-3	5	94
332	37311001	1697	4	37	232	161	-0.02	-0.01	4	4	95	37	231	2.95	92	12	45	-7	-5	-9	71
333	31111602	1691	7	36	124	10	-0.05	-0.05	-5	-5	92	36	123	2.99	86	9	38	-2	0	-7	70
334	11111605	1687	7	42	170	-475	0.07	0.00	-11	-17	94	42	169	3.03	90	18	53	2	2	3	76
	37313037	1687	6	23	703	21	-0.38	-0.03	-39	-3	98	23	703	2.98	97	24	704	3	-2	10	97
336	11106005	1686	7	34	197	-104	0.06	0.04	2	1	95	34	196	3.04	91	11	32	-3	-6	-5	63

（续）

序号	牛号	CPI	产奶性状									健康性状				体型性状					
			女儿分布省数（个）	女儿分布场数（个）	女儿数（头）	产奶量（kg）	乳脂率（%）	乳蛋白率（%）	乳脂量（kg）	乳蛋白量（kg）	可靠性（%）	女儿分布场数（个）	女儿数（头）	体细胞评分	可靠性（%）	女儿分布场数（个）	女儿数（头）	体型总分	泌乳系统评分	肢蹄评分	可靠性（%）
337	11111608	1685	7	63	333	-87	-0.07	-0.01	-10	-4	97	63	333	2.96	95	24	211	-3	-4	1	92
338	31105146	1684	9	53	636	377	-0.21	-0.16	-8	-5	98	53	636	3.05	97	15	131	-3	-5	6	88
339	11113660	1683	8	28	101	1	-0.23	-0.15	-24	-16	91	28	101	3.04	85	16	186	1	6	4	91
	37312031	1683	3	24	52	153	-0.17	-0.06	-13	-2	85	24	52	3.07	75	10	28	-4	-3	4	60
341	31109293	1678	6	44	521	-51	0.08	-0.01	7	-3	98	44	519	3.01	96	9	155	-4	-8	-2	89
342	31104187	1677	9	28	173	97	-0.09	-0.09	-6	-6	94	28	173	3.04	90	6	18	-2	-2	-2	54
343	31104433	1676	6	35	107	-590	0.28	0.00	7	-20	92	35	107	2.82	87	14	37	-4	-1	-4	70
344	11109708	1674	7	51	750	-438	0.06	0.04	-10	-10	98	51	748	3.02	98	21	276	2	0	-4	94
345	11111618	1673	3	26	90	-154	-0.05	-0.15	-11	-23	90	26	90	3.00	83	12	32	3	2	5	68
346	31109530	1663	7	47	220	-602	0.05	0.06	-18	-13	95	47	220	2.91	91	6	54	-2	3	-3	76
347	31111259	1662	8	20	256	-624	0.10	0.03	-13	-18	96	20	255	2.93	92	9	44	2	0	1	73
348	12114327	1660	4	33	270	-254	-0.16	-0.07	-27	-17	96	33	265	3.07	92	5	25	5	4	4	63
349	13203026	1659	7	30	1349	-583	0.06	0.00	-16	-20	99	30	1349	3.05	98	15	101	4	3	2	82
350	11104701	1657	15	86	996	-297	0.09	0.07	-2	-2	99	86	993	3.03	98	23	306	-6	-5	-3	94
351	31111625	1645	4	44	143	-287	-0.09	-0.05	-21	-15	92	44	143	3.06	85	7	12	2	3	0	48
352	11110724	1638	3	40	397	-809	0.17	0.00	-14	-28	97	40	396	3.01	95	14	125	2	6	1	88
353	11113578	1636	7	29	82	-129	-0.03	-0.04	-7	-9	90	29	82	3.10	81	7	23	-1	-1	-5	62
354	31109543	1634	13	62	2064	-387	-0.08	-0.07	-23	-21	99	62	2063	2.96	99	22	734	2	3	2	97
355	11109576	1628	3	38	374	-332	0.00	0.00	-13	-11	97	38	374	3.02	96	21	278	0	1	-8	94
356	31109292	1624	11	83	2579	-442	0.06	0.01	-11	-14	99	83	2575	2.93	99	16	1014	-1	-2	-4	98

（续）

序号	牛号	CPI	女儿分布省数（个）	产奶性状								健康性状				体型性状					
				女儿分布场数（个）	女儿数（头）	产奶量（kg）	乳脂率（%）	乳蛋白率（%）	乳脂量（kg）	乳蛋白量（kg）	可靠性（%）	女儿分布场数（个）	女儿数（头）	体细胞评分	可靠性（%）	女儿分布场数（个）	女儿数（头）	体型总分	泌乳系统评分	肢蹄评分	可靠性（%）
357	11109669	1623	7	57	550	54	-0.11	-0.08	-10	-8	98	57	550	3.02	97	27	232	-4	-4	-1	93
358	11104114	1615	14	148	2137	-45	-0.04	-0.03	-5	-5	99	148	2135	3.00	99	42	589	-5	-6	-5	97
359	11108565	1611	4	55	277	-246	-0.08	-0.06	-18	-15	96	55	276	3.03	92	13	59	-2	-4	8	79
360	31104493	1606	19	155	2652	-321	-0.07	0.04	-20	-7	99	153	2648	3.00	99	31	232	-4	-7	6	92
361	31111601	1592	7	26	76	-219	0.06	-0.11	-2	-20	88	26	76	3.01	78	9	20	-4	-1	-4	57
362	11104903	1585	9	77	805	-590	0.00	0.03	-22	-16	98	77	805	3.00	98	27	579	-1	-1	0	97
	11108793	1585	8	69	647	-242	0.03	-0.02	-6	-11	98	69	646	3.06	97	15	69	-4	-5	-3	80
364	31108299	1579	9	64	641	-349	0.10	0.04	-2	-8	98	64	639	3.00	97	12	99	-7	-5	-9	84
365	37310037	1563	6	85	447	-242	-0.01	0.03	-10	-5	98	85	446	3.05	96	23	193	-6	-10	0	91
366	11109703	1561	8	72	1189	-317	0.12	-0.01	0	-12	99	72	1189	2.98	98	32	235	-6	-2	-16	93
367	11106003	1559	11	70	855	-271	0.02	0.02	-8	-7	98	70	850	3.05	98	23	176	-4	-7	-7	91
368	37314052	1552	8	33	407	-595	0.03	-0.03	-19	-24	97	33	406	3.00	94	20	506	-2	-3	6	96
369	11104296	1543	7	40	324	-893	-0.01	0.11	-35	-18	97	40	321	2.99	94	5	12	2	1	-3	47
370	11104070	1542	9	90	1778	-231	-0.12	0.00	-21	-8	99	90	1777	3.04	99	30	765	-4	-8	1	97
	11110572	1542	4	46	338	-84	-0.09	-0.11	-13	-16	97	46	337	2.99	94	19	111	-5	-6	0	86
372	11100829	1528	14	102	820	-319	0.01	-0.01	-10	-12	98	102	819	2.96	98	22	143	-5	-8	-6	89
373	11109563	1523	3	30	335	-746	-0.13	0.01	-41	-25	96	30	335	3.01	94	14	188	2	2	4	91
374	11102716	1522	12	96	761	-98	0.06	-0.05	3	-10	98	96	760	3.02	98	14	66	-11	-12	-2	79
375	11108656	1511	5	41	343	-209	-0.19	-0.10	-28	-18	97	41	343	3.01	96	16	252	-4	-8	10	93
376	11108813	1504	6	66	650	-363	-0.09	-0.02	-24	-14	98	66	650	2.98	97	20	300	-4	-4	-6	94
377	53210195	1502	5	21	126	-744	-0.08	0.12	-35	-13	92	21	126	2.99	85	22	149	-4	-4	0	88
	(37314061*)																				

（续）

序号	牛号	CPI	女儿分布省数（个）	产奶性状							健康性状				体型性状					
				女儿分布场数（个）	女儿数（头）	产奶量（kg）	乳脂率（%）	乳蛋白率（%）	乳脂量（kg）	乳蛋白量（kg）	可靠性（%）	女儿分布场数（个）	女儿数（头）	体细胞评分	可靠性（%）	女儿分布场数（个）	女儿数（头）	体型总分	泌乳系统评分	肢蹄评分	可靠性（%）
378	11108800	1495	6	44	178	-337	0.00	-0.06	-13	-18	95	44	178	3.05	90	12	55	-6	-10	5	76
379	13203763	1493	6	37	429	-480	-0.10	0.02	-29	-14	97	37	429	3.02	95	12	54	-2	-8	2	72
380	31109540	1484	11	57	971	-834	-0.06	-0.01	-37	-30	99	57	971	2.94	98	12	317	2	2	-2	94
381	11100260	1478	17	180	2309	-505	-0.10	-0.08	-29	-27	99	180	2307	3.04	99	41	675	-2	-1	2	97
382	11109564	1473	5	47	288	-694	-0.06	-0.06	-32	-30	97	47	288	3.01	95	22	200	0	3	-4	92
	11111505	1473	8	93	1012	-835	0.18	0.03	-13	-25	98	93	1009	3.01	98	30	585	-6	-4	-3	97
384	11111601	1468	7	52	323	-619	-0.04	-0.07	-28	-29	97	52	323	3.00	94	19	182	0	-2	0	91
385	11108541	1449	8	52	507	-308	-0.16	-0.11	-28	-23	98	52	507	3.04	96	27	297	-3	-7	4	94
386	37312009	1444	5	20	407	-893	0.02	0.01	-32	-30	97	20	406	2.86	96	12	474	1	0	-10	96
387	11102390	1386	15	89	701	-901	0.07	0.04	-27	-26	98	89	701	3.02	97	21	203	-8	-3	-6	92
388	31104460	1357	7	36	278	242	-0.17	-0.16	-9	-10	96	35	274	3.00	92	7	31	-14	-16	-11	67
389	11108572	1354	5	33	311	-378	-0.37	-0.11	-52	-25	97	33	311	3.07	95	21	189	-1	-2	-3	91
390	11104676	1338	10	32	329	-509	-0.23	-0.01	-43	-18	97	32	329	2.90	94	6	62	-11	-9	-3	77
391	11104940	1306	6	37	561	-148	-0.27	-0.15	-35	-22	98	37	561	3.09	97	16	153	-7	-11	-2	89
392	11104710	1277	8	54	1345	-908	0.05	0.01	-28	-29	99	54	1345	3.00	99	20	533	-9	-11	-5	97
393	11199995	1242	8	54	728	-1246	-0.02	0.00	-48	-43	98	54	726	3.05	98	19	241	-1	-3	-3	93
394	11104943	1098	9	38	351	-1202	0.03	-0.02	-43	-43	97	38	351	3.05	95	13	146	-9	-12	-5	89

注：* 表示种公牛的曾用牛号。

2.4 青年公牛基因组估计育种值

表 2－4－1 按照表中展示 GCPI 数值有效位，GCPI 相同的种公牛共享一个排名，并按照牛号依次排序。

表 2－4－1　青年公牛各性状基因组估计育种值及综合指数（GCPI）值

序号	牛号	GCPI	产奶量		乳脂率		乳蛋白率		乳脂量		乳蛋白量		体细胞评分		体型总分		泌乳系统评分		肢蹄评分	
			GEBV (kg)	r^2 (%)	GEBV (%)	r^2 (%)	GEBV (%)	r^2 (%)	GEBV (kg)	r^2 (%)	GEBV (kg)	r^2 (%)	GEBV	r^2 (%)	GEBV (kg)	r^2 (%)	GEBV (%)	r^2 (%)	GEBV (%)	r^2 (%)
1	37321076	2903	1509	71	0.45	75	0.23	78	78	69	58	69	2.15	66	11	67	9	66	4	75
2	11122619	2885	1822	72	0.18	76	0.10	78	67	70	55	70	1.65	67	11	68	9	67	7	75
3	15520017	2884	1327	72	0.36	76	0.34	78	64	70	62	70	1.55	67	7	68	9	67	1	75
4	37321095	2877	1817	72	0.71	76	0.17	79	97	70	61	70	2.17	67	2	68	5	67	0	75
5	37321097	2869	1982	71	0.43	75	0.12	78	89	69	62	69	2.27	66	4	67	6	66	0	75
6	41121802	2811	1656	70	0.33	74	0.15	77	74	68	57	68	2.06	65	5	66	6	65	4	74
7	13121005	2810	2226	65	0.02	70	0.13	74	71	63	67	62	2.21	58	3	60	5	59	-2	70
8	37321096	2807	1615	71	0.52	75	0.21	78	82	70	60	69	2.28	66	4	67	5	67	0	75
	41120834	2807	1575	72	0.39	76	0.17	79	80	70	56	70	2.12	67	7	68	6	68	0	76
10	37321099	2801	1097	71	0.58	75	0.20	78	75	70	48	69	1.57	66	7	67	7	67	3	75
11	13121045	2794	1616	71	0.32	75	0.17	78	70	69	55	68	1.81	65	6	66	5	66	3	74
12	11122611	2786	2130	69	-0.08	74	0.02	77	60	67	58	67	2.06	64	9	65	7	64	2	73
13	13120419	2783	1872	74	0.28	78	0.06	80	77	72	56	72	2.24	69	6	70	5	69	2	77
	15520032	2783	1812	71	0.43	75	0.12	78	81	69	55	68	1.85	65	3	66	4	66	-2	74
15	37321048	2782	976	71	0.59	75	0.27	78	72	69	49	69	1.93	66	7	67	8	66	4	74
16	37321044	2778	879	71	0.70	75	0.28	78	76	70	48	70	1.60	67	6	68	7	67	0	75
	37321100	2778	1868	71	0.39	75	0.16	78	84	69	62	69	2.43	66	2	67	5	66	-5	74
18	15521002	2777	989	71	0.61	75	0.22	78	74	69	48	69	1.78	66	7	67	8	66	0	75

（续）

序号	牛号	GCPI	产奶量		乳脂率		乳蛋白率		乳脂量		乳蛋白量		体细胞评分		体型总分		泌乳系统评分		肢蹄评分	
			GEBV (kg)	r^2 (%)	GEBV (%)	r^2 (%)	GEBV (%)	r^2 (%)	GEBV (kg)	r^2 (%)	GEBV (kg)	r^2 (%)	GEBV	r^2 (%)	GEBV (kg)	r^2 (%)	GEBV (%)	r^2 (%)	GEBV (%)	r^2 (%)
19	37321078	2773	1532	72	0.47	76	0.21	79	82	70	57	70	1.96	66	2	68	4	67	-3	75
20	11115632	2770	2106	91	0.07	93	0.03	95	63	90	55	90	2.95	88	9	90	9	89	10	94
21	11122615	2764	1728	68	-0.02	72	0.09	76	55	66	54	65	2.01	62	9	63	10	62	3	72
22	31120368	2759	906	72	0.59	76	0.27	78	69	70	48	70	2.22	67	9	68	6	68	10	75
23	13120447	2750	2019	71	0.15	75	-0.05	78	71	69	49	68	1.88	65	6	67	5	66	4	74
24	31119377	2744	1743	73	0.27	77	0.13	80	67	72	55	71	1.61	68	3	69	5	69	-2	77
25	15516013	2740	1574	76	0.01	80	0.07	82	51	75	50	74	1.74	71	9	73	6	72	9	79
26	13121053	2739	1544	70	0.37	74	0.19	77	71	68	55	67	1.88	64	4	65	3	65	2	73
27	11119688	2729	1400	74	0.41	78	0.07	81	74	73	46	72	1.81	69	6	71	3	70	6	78
28	11116695	2727	1028	80	0.43	83	0.18	85	61	79	42	78	2.02	76	10	77	10	77	6	83
29	11122603	2726	1471	72	0.48	76	0.15	78	76	70	53	70	2.33	67	5	68	4	67	0	75
30	11122613	2724	1841	72	0.00	76	0.05	79	58	71	54	70	1.94	68	7	69	7	68	1	76
	15520010	2724	1571	72	0.42	76	0.10	79	75	70	48	70	1.75	67	4	68	5	67	-1	75
	31118136	2724	1852	76	0.09	80	0.06	82	58	75	56	74	2.07	72	7	73	7	72	-1	80
33	11122625	2722	1489	68	0.27	73	0.13	76	68	67	51	66	1.39	63	3	64	4	63	-2	72
34	13120437	2715	1693	73	0.34	77	0.09	80	76	72	52	71	1.96	68	3	69	3	69	0	76
35	15520024	2714	1705	72	0.20	76	0.13	79	69	71	55	70	2.11	67	4	69	3	68	3	76
36	11121660	2712	1307	71	0.46	75	0.05	78	73	69	42	68	1.69	65	6	66	5	66	4	74
37	37319049	2711	1736	71	-0.05	75	0.11	78	50	69	57	69	2.34	66	8	67	8	66	1	75
38	11122621	2709	1840	71	0.06	75	-0.03	78	61	70	49	69	1.91	67	7	68	7	67	1	75
39	15622103	2705	1433	70	0.31	74	0.16	77	67	68	55	68	2.11	65	4	66	4	65	1	74
40	37321008	2704	1568	72	0.33	76	0.10	78	72	70	51	69	1.87	66	3	67	5	67	-3	75

（续）

序号	牛号	GCPI	产奶量		乳脂率		乳蛋白率		乳脂量		乳蛋白量		体细胞评分		体型总分		泌乳系统评分		肢蹄评分	
			GEBV (kg)	r^2 (%)	GEBV (%)	r^2 (%)	GEBV (%)	r^2 (%)	GEBV (kg)	r^2 (%)	GEBV (kg)	r^2 (%)	GEBV	r^2 (%)	GEBV (kg)	r^2 (%)	GEBV (%)	r^2 (%)	GEBV (%)	r^2 (%)
41	15519009	2703	1838	75	0.26	79	0.05	81	68	73	49	73	1.70	70	4	71	4	71	2	78
	41121805	2703	821	71	0.48	75	0.20	78	65	70	43	69	1.55	66	7	67	7	67	1	75
43	11121658	2702	1249	69	0.32	74	0.17	77	61	68	47	67	1.86	64	6	65	5	65	5	73
44	11121656	2701	1279	70	0.39	74	0.10	77	69	69	44	68	1.81	65	6	66	3	66	6	74
	37321013	2701	1911	74	0.08	77	0.10	80	65	72	57	72	2.63	69	5	70	4	70	4	77
46	11121659	2700	1295	69	0.48	74	0.06	77	74	68	43	67	1.81	64	5	65	5	64	4	73
47	37321111	2697	1664	72	0.52	76	0.13	79	88	70	56	70	2.08	67	-1	68	-3	68	-1	76
48	41121809	2696	1286	71	0.47	75	0.17	78	75	69	50	69	1.71	66	2	67	1	67	1	75
49	13121029	2695	1585	73	0.34	77	0.10	79	75	71	50	71	1.83	67	3	69	2	68	0	76
50	37320112	2694	1376	74	0.56	78	0.18	81	84	72	52	72	2.55	69	2	70	2	70	2	78
51	15622105	2692	1656	73	0.30	76	0.04	79	70	71	48	71	2.01	68	4	69	7	69	-3	76
52	11122605	2689	1600	70	-0.04	74	0.16	77	52	68	56	68	1.97	65	7	66	6	65	0	74
	41121824	2689	1874	70	-0.09	74	0.07	77	52	68	55	68	2.02	65	6	66	6	65	1	73
54	13119176	2688	1594	74	0.52	78	0.06	81	80	72	47	72	2.06	69	2	70	4	69	0	77
	37321009	2688	1501	71	0.52	75	0.11	78	80	69	50	69	2.06	66	2	67	3	66	-3	75
56	13120439	2687	1402	70	0.25	74	0.08	77	65	68	44	68	2.02	65	9	66	6	65	2	74
	15519023	2687	1507	72	0.25	76	0.14	79	63	71	52	70	1.80	68	4	69	6	68	-3	76
58	13121271	2686	1788	69	0.19	74	-0.01	77	64	67	46	66	1.68	63	5	64	9	63	-5	73
59	15521013	2684	1202	72	0.57	76	0.18	79	75	70	48	70	1.96	67	3	68	5	68	-2	76
60	11122608	2683	1387	63	0.06	69	0.08	72	53	61	47	60	1.93	56	9	57	6	57	5	68
	37319068	2683	1887	75	0.16	79	0.08	82	65	74	55	73	2.14	71	3	71	5	71	-3	78
	37321045	2683	1628	73	0.22	77	0.11	80	66	72	53	72	1.77	69	1	70	4	69	-1	77

（续）

序号	牛号	GCPI	产奶量 GEBV (kg)	产奶量 r^2 (%)	乳脂率 GEBV (%)	乳脂率 r^2 (%)	乳蛋白率 GEBV (%)	乳蛋白率 r^2 (%)	乳脂量 GEBV (kg)	乳脂量 r^2 (%)	乳蛋白量 GEBV (kg)	乳蛋白量 r^2 (%)	体细胞评分 GEBV	体细胞评分 r^2 (%)	体型总分 GEBV (kg)	体型总分 r^2 (%)	泌乳系统评分 GEBV (%)	泌乳系统评分 r^2 (%)	肢蹄评分 GEBV (%)	肢蹄评分 r^2 (%)
	41121815	2683	1074	71	0.67	76	0.25	79	79	70	50	69	1.80	66	0	67	3	67	-6	75
64	13119108	2681	1679	75	0.25	79	0.04	82	70	73	48	73	1.89	70	4	71	6	70	-3	78
	37318045	2681	1494	74	0.20	78	0.07	81	64	72	46	72	1.98	69	6	70	8	69	0	77
	37320105	2681	1185	74	0.41	78	0.19	80	67	72	48	72	2.14	69	6	70	6	70	1	77
67	41120830	2680	784	73	0.59	77	0.16	79	70	71	41	71	1.96	68	6	69	6	69	4	76
68	31121345	2679	2109	74	0.11	78	-0.04	80	69	72	55	72	2.07	69	1	70	5	69	-4	77
69	13119160	2677	1436	73	0.24	77	0.19	80	55	71	52	71	1.87	67	5	69	3	68	5	77
	13120435	2677	1976	72	0.13	76	-0.07	78	68	70	46	70	2.06	67	6	68	6	67	1	75
	37321110	2677	1149	71	0.51	76	0.20	78	75	70	49	69	1.53	66	0	68	-1	67	2	75
	41121813	2677	1299	69	0.19	73	0.10	76	55	67	45	67	2.16	63	8	64	9	64	6	72
73	15520006	2676	628	71	0.56	75	0.19	78	67	70	39	69	1.48	66	7	67	6	67	1	75
74	13119118	2673	1565	73	0.31	77	0.05	80	67	71	46	71	1.85	68	4	69	5	68	1	77
	15622107	2673	1200	69	0.41	74	0.17	77	68	68	49	67	1.96	64	4	65	4	64	1	73
76	37319007	2672	1556	74	0.46	78	0.15	81	78	72	50	72	1.93	68	1	70	3	69	-5	77
	37320118	2672	1371	71	0.18	76	0.05	79	59	70	43	69	1.97	66	8	67	8	67	4	75
	37321067	2672	1539	70	0.47	74	0.16	77	78	68	54	68	1.96	65	1	66	0	65	-4	74
79	41121819	2669	1266	71	0.27	75	0.17	78	57	69	48	69	2.10	66	8	67	8	66	0	74
80	13121297	2668	806	72	0.31	76	0.18	79	56	71	42	70	1.80	68	9	69	7	68	5	76
	41121806	2668	1295	70	0.26	74	0.15	77	59	68	48	68	1.89	65	7	66	6	65	-1	74
82	11122607	2665	1629	71	0.02	75	0.05	78	56	70	50	69	2.04	66	7	67	6	67	1	75
	13121285	2665	914	72	0.46	76	0.19	79	64	71	44	70	2.04	68	6	69	6	68	3	76
84	14119345	2664	1523	74	0.17	77	-0.01	80	61	72	43	72	2.01	69	9	70	7	70	3	77

（续）

序号	牛号	GCPI	产奶量		乳脂率		乳蛋白率		乳脂量		乳蛋白量		体细胞评分		体型总分		泌乳系统评分		肢蹄评分	
			GEBV (kg)	r^2 (%)	GEBV (%)	r^2 (%)	GEBV (%)	r^2 (%)	GEBV (kg)	r^2 (%)	GEBV (kg)	r^2 (%)	GEBV	r^2 (%)	GEBV (kg)	r^2 (%)	GEBV (%)	r^2 (%)	GEBV (%)	r^2 (%)
85	11118606	2663	1376	77	0.33	81	0.04	83	66	75	42	75	2.34	72	8	72	6	71	6	79
	13121223	2663	1368	68	0.37	72	0.14	76	66	66	47	65	2.00	61	5	63	4	62	2	72
	41118845	2663	2795	73	-0.38	77	-0.14	80	53	71	59	71	2.28	68	3	69	1	69	6	77
88	11121655	2662	908	71	0.59	75	0.17	78	72	70	42	69	1.88	67	5	67	3	67	4	75
	31120370	2662	1500	73	0.36	77	0.07	79	76	71	48	71	2.05	68	2	69	2	68	0	76
90	15521020	2660	1331	68	0.25	72	0.16	75	64	66	51	65	2.01	62	4	63	3	63	0	72
	41120827	2660	1080	73	0.49	77	0.14	79	71	71	45	71	2.30	68	6	69	6	68	1	76
	41121821	2660	1458	74	0.41	78	0.09	81	77	73	50	73	2.19	70	2	71	-1	71	3	78
93	11122601	2659	1216	70	0.25	74	0.12	77	60	69	46	68	2.15	65	7	66	4	66	7	74
	11122617	2659	2109	72	-0.04	76	-0.09	79	62	71	51	71	2.33	68	6	69	4	68	3	76
95	15520022	2657	2199	73	-0.10	77	-0.03	79	62	71	56	71	2.42	68	4	69	4	69	0	76
	15520023	2657	1038	73	0.50	77	0.22	79	66	71	47	71	1.79	68	4	69	2	68	2	76
97	15521027	2656	1178	69	0.49	74	0.20	77	69	68	48	67	1.68	64	2	65	3	64	-1	73
98	11120612	2654	1226	72	0.21	76	0.11	79	53	70	43	70	1.69	67	7	68	8	68	1	76
	15622101	2654	1583	73	0.36	76	0.09	79	74	71	52	71	1.83	68	0	69	-1	68	-1	76
100	13119114	2652	845	73	0.46	77	0.25	80	56	71	45	71	1.56	67	5	69	4	68	5	77
	13120423	2652	1599	70	0.15	75	0.01	77	63	69	43	68	2.03	65	7	67	5	66	3	74
	15521008	2652	1288	73	0.34	77	0.15	80	67	72	48	71	1.84	69	4	70	1	69	3	77
103	15520019	2651	1147	70	0.58	74	0.20	78	74	68	47	68	1.86	65	2	66	3	65	-3	74
104	11122620	2650	1402	70	0.48	74	0.15	77	77	69	50	68	2.06	65	1	66	-1	66	1	74
105	41120833	2649	1278	72	0.34	76	0.11	79	65	71	46	70	2.03	67	4	69	2	68	6	76
106	13121281	2648	1009	71	0.45	75	0.15	78	65	70	43	69	1.83	66	5	67	5	67	1	75

（续）

序号	牛号	GCPI	产奶量		乳脂率		乳蛋白率		乳脂量		乳蛋白量		体细胞评分		体型总分		泌乳系统评分		肢蹄评分	
			GEBV (kg)	r^2 (%)	GEBV (%)	r^2 (%)	GEBV (%)	r^2 (%)	GEBV (kg)	r^2 (%)	GEBV (kg)	r^2 (%)	GEBV	r^2 (%)	GEBV (kg)	r^2 (%)	GEBV (%)	r^2 (%)	GEBV (%)	r^2 (%)
	37320067	2648	1137	67	0.40	72	0.12	75	70	65	45	64	2.04	61	5	62	4	62	0	71
	37320120	2648	1063	71	0.44	76	0.23	78	64	70	49	69	2.16	66	5	68	5	67	-1	75
109	11120602	2646	876	73	0.49	77	0.19	79	69	71	44	71	1.93	68	5	69	3	68	2	76
110	15519026	2645	2194	76	0.08	79	0.01	82	65	74	60	74	2.55	71	2	72	5	71	-7	79
111	61221125	2644	863	73	0.50	77	0.20	80	64	72	42	71	2.09	69	5	69	7	69	1	77
112	13119162	2643	1387	72	0.42	76	0.06	79	70	71	44	70	1.99	67	5	68	4	68	-1	76
	41120829	2643	891	71	0.66	75	0.20	78	75	69	44	69	2.49	66	5	67	6	67	-1	75
	41121822	2643	1160	70	0.19	74	0.11	77	53	68	43	68	1.80	65	7	66	7	65	3	73
115	15521004	2642	893	73	0.38	77	0.20	79	62	71	45	71	1.81	68	4	69	6	69	-1	76
	15521026	2642	1237	72	0.44	76	0.10	79	72	71	45	70	1.99	67	4	68	0	68	5	76
	37321101	2642	1170	72	0.26	76	0.16	78	61	70	47	70	1.91	67	5	68	3	67	2	75
	41121804	2642	1032	70	0.53	74	0.16	77	68	69	44	68	2.05	65	4	66	5	66	1	74
119	11118631	2641	1330	72	0.03	76	-0.01	78	52	70	42	70	1.89	67	10	68	9	68	1	75
	13120453	2641	1943	73	0.29	77	-0.05	80	75	71	49	71	1.52	68	-1	68	1	68	-6	77
	65116314	2641	1640	78	-0.24	81	0.02	84	32	76	44	76	1.69	73	11	75	11	74	4	81
122	11121657	2640	856	70	0.49	74	0.14	77	62	68	39	68	1.75	65	6	66	5	65	7	74
123	37320081	2638	1196	74	0.51	77	0.16	80	76	72	46	72	2.00	69	3	70	3	69	-2	77
124	13120441	2637	1457	70	0.16	74	0.01	77	58	68	41	68	1.78	65	7	66	7	65	1	74
	37320124	2637	2008	73	-0.01	77	0.00	79	62	71	54	71	2.03	68	1	69	4	68	-4	76
	37321047	2637	1368	71	0.32	75	0.06	78	67	69	45	69	1.65	65	3	66	3	66	-2	75
127	37321116	2636	1344	71	0.13	75	0.18	77	55	69	52	68	2.25	65	5	66	2	66	6	74
128	11120603	2635	1478	73	0.20	77	0.02	80	61	71	43	71	1.74	68	6	69	4	69	1	77

（续）

序号	牛号	GCPI	产奶量		乳脂率		乳蛋白率		乳脂量		乳蛋白量		体细胞评分		体型总分		泌乳系统评分		肢蹄评分	
			GEBV（kg）	r^2（%）	GEBV（%）	r^2（%）	GEBV（%）	r^2（%）	GEBV（kg）	r^2（%）	GEBV（kg）	r^2（%）	GEBV	r^2（%）	GEBV（kg）	r^2（%）	GEBV（%）	r^2（%）	GEBV（%）	r^2（%）
	15520025	2635	1200	73	0. 34	77	0. 12	80	63	72	45	71	1. 95	68	4	69	3	69	4	77
	31120361	2635	956	71	0. 42	75	0. 13	78	62	69	42	69	1. 78	66	6	67	4	66	2	75
131	15521009	2634	757	71	0. 74	75	0. 30	78	75	69	45	69	2. 04	66	2	67	3	66	0	74
	31120367	2634	639	71	0. 59	75	0. 29	78	63	70	42	69	2. 09	66	6	67	6	67	2	75
133	15517048	2632	995	76	0. 29	80	0. 08	83	53	75	33	74	1. 03	72	9	73	6	73	5	80
134	15521012	2630	782	71	0. 68	75	0. 22	78	71	69	40	68	1. 75	65	4	67	3	66	1	75
	37320094	2630	2824	73	-0. 27	77	-0. 17	80	62	71	60	71	2. 53	68	1	69	3	69	-4	77
	37321093	2630	143	69	0. 79	74	0. 32	77	63	67	37	67	1. 53	64	5	65	6	64	3	73
137	31118135	2629	962	75	0. 23	79	0. 13	81	46	73	41	73	1. 58	70	8	71	9	71	2	79
138	37321015	2628	721	71	0. 51	75	0. 20	78	61	69	39	69	1. 71	66	6	67	6	66	2	75
139	11122628	2627	904	72	0. 48	76	0. 22	79	67	70	46	70	2. 02	67	5	68	1	67	3	76
	15519004	2627	1329	72	0. 21	76	0. 11	79	52	70	45	69	2. 00	66	7	68	6	67	4	75
141	31120359	2625	901	73	0. 38	77	0. 14	80	59	72	41	71	1. 83	69	6	69	5	69	5	77
142	11122622	2624	934	70	0. 55	74	0. 15	77	69	68	41	68	1. 89	65	5	66	3	65	3	73
143	11122631	2623	1548	68	0. 08	73	0. 05	76	56	67	47	66	1. 74	63	5	64	3	63	0	72
	37321046	2623	1489	71	0. 26	76	0. 10	78	67	70	50	69	2. 11	66	2	67	3	67	-3	75
145	37321091	2622	807	71	0. 60	75	0. 13	78	71	69	40	68	1. 41	65	2	66	1	66	1	75
146	11122623	2621	1182	73	0. 40	77	0. 08	80	66	72	41	71	2. 00	69	4	70	4	69	5	77
147	37319072	2620	345	73	0. 68	77	0. 25	80	68	72	37	71	1. 75	68	6	70	3	69	4	77
148	13121055	2619	1204	70	0. 33	74	0. 15	77	64	68	48	67	2. 12	64	4	65	2	65	1	73
149	37320088	2618	1271	72	0. 23	75	0. 15	78	59	70	48	70	2. 29	67	4	68	7	67	-1	75
150	31118104	2617	1367	74	0. 29	78	0. 09	80	60	72	44	72	1. 90	69	4	70	4	69	4	77

（续）

序号	牛号	GCPI	产奶量		乳脂率		乳蛋白率		乳脂量		乳蛋白量		体细胞评分		体型总分		泌乳系统评分		肢蹄评分	
			GEBV (kg)	r^2 (%)	GEBV (%)	r^2 (%)	GEBV (%)	r^2 (%)	GEBV (kg)	r^2 (%)	GEBV (kg)	r^2 (%)	GEBV	r^2 (%)	GEBV (kg)	r^2 (%)	GEBV (%)	r^2 (%)	GEBV (%)	r^2 (%)
151	11118637	2616	1268	76	0.15	80	0.09	82	49	75	45	74	1.51	72	6	73	6	73	-2	80
	37321037	2616	1736	69	-0.33	73	0.03	76	33	67	51	66	1.85	63	8	64	8	64	0	73
153	11122630	2615	1576	72	0.16	76	0.12	79	57	71	52	70	2.09	67	3	68	4	68	-2	76
154	11122610	2614	1630	71	0.00	75	0.07	78	54	69	50	69	1.96	66	5	67	2	66	0	74
155	11122602	2613	1366	69	0.31	73	0.09	76	65	67	46	67	1.87	64	4	65	1	64	1	73
156	11122618	2612	1411	70	0.37	74	0.12	77	69	69	50	68	1.97	66	1	66	-1	66	0	74
	37321103	2612	1239	69	0.45	74	0.13	77	72	68	47	67	2.30	64	3	65	4	65	-4	73
158	13119142	2611	738	74	0.56	78	0.25	81	63	72	43	72	1.50	69	3	70	3	69	-1	77
159	11117659	2610	1087	75	0.53	79	0.11	81	69	73	40	73	1.66	70	2	71	3	71	-1	78
	11120622	2610	1283	71	0.29	75	0.15	78	63	69	47	69	1.95	66	3	67	4	66	-2	74
161	13119104	2609	786	71	0.52	76	0.13	79	57	70	35	69	1.46	65	6	67	6	66	3	75
	15519024	2609	1597	75	0.13	79	0.11	82	55	74	53	73	2.19	71	3	72	6	71	-5	79
163	11117678	2608	1882	72	-0.08	76	0.01	79	53	70	52	70	2.34	67	5	68	5	67	0	76
	31118087	2608	1066	75	0.32	79	0.07	82	60	74	35	73	1.51	70	7	72	7	71	0	79
165	11117657	2607	989	74	0.45	78	0.08	81	62	73	37	72	1.71	70	4	71	4	70	4	78
	11122612	2607	1455	72	0.07	76	0.04	79	55	71	45	70	2.08	68	5	69	5	68	3	76
167	37317007	2605	1549	81	0.18	84	0.06	86	61	80	45	79	2.51	76	6	77	5	77	3	83
168	37320074	2604	1148	72	0.29	76	0.16	79	58	71	45	70	1.80	67	3	68	5	68	-2	76
	41118861	2604	1601	75	0.13	78	0.00	81	57	73	41	73	2.22	70	8	71	7	70	3	78
170	15521028	2603	1468	72	0.31	76	0.02	79	73	70	45	70	2.21	67	2	68	1	68	1	76
171	11120620	2602	957	71	0.41	75	0.15	78	62	69	41	69	2.02	65	5	66	4	66	3	74
	37318051	2602	1506	75	0.11	78	0.13	81	58	73	49	73	2.06	70	4	71	2	71	1	78

（续）

序号	牛号	GCPI	产奶量		乳脂率		乳蛋白率		乳脂量		乳蛋白量		体细胞评分		体型总分		泌乳系统评分		肢蹄评分	
			GEBV (kg)	r^2 (%)	GEBV (%)	r^2 (%)	GEBV (%)	r^2 (%)	GEBV (kg)	r^2 (%)	GEBV (kg)	r^2 (%)	GEBV	r^2 (%)	GEBV (kg)	r^2 (%)	GEBV (%)	r^2 (%)	GEBV (%)	r^2 (%)
	41121820	2602	1072	69	0.16	73	0.17	76	53	67	48	66	1.76	63	4	64	1	64	4	72
174	14117925	2600	972	74	0.54	78	0.16	80	70	72	44	71	2.02	69	3	70	1	69	1	77
	15521010	2600	984	71	0.37	75	0.09	78	60	69	38	69	1.83	66	7	67	7	67	0	75
176	15520026	2599	1262	70	0.23	75	0.19	78	60	69	49	68	2.69	65	5	66	5	66	2	74
	37321079	2599	930	70	0.44	75	0.25	77	63	69	47	68	1.88	66	1	66	4	66	-4	74
178	15516048	2598	955	77	0.16	81	0.06	83	45	76	35	76	1.54	73	10	74	7	74	6	81
179	11117668	2597	1181	75	0.17	79	0.11	81	46	73	44	73	1.80	70	7	71	7	71	0	78
	15519025	2597	1562	75	0.09	79	0.03	81	52	73	49	73	2.00	70	4	71	5	70	-2	78
	31118100	2597	1708	74	-0.18	78	0.03	81	39	73	48	72	2.24	69	8	71	11	70	-1	78
182	15520008	2596	1165	74	0.32	78	0.14	80	62	72	44	72	2.05	69	4	70	3	70	2	77
	61221122	2596	1543	71	-0.07	75	0.01	78	44	69	43	69	1.92	66	7	66	9	66	0	74
184	31121354	2595	765	73	0.57	77	0.15	79	64	71	37	71	1.68	68	4	69	5	68	0	76
185	37318025	2594	1226	75	0.29	79	0.11	81	60	73	42	73	1.97	70	5	70	6	70	-1	78
186	11118669	2593	1414	72	0.05	76	0.09	79	46	70	49	69	1.94	66	4	68	6	67	-1	76
187	15516068	2592	1124	77	0.20	81	0.04	83	48	76	36	75	1.78	73	8	74	10	73	0	81
	31118113	2592	1432	73	0.30	77	0.09	80	62	71	43	71	2.38	68	5	69	4	68	4	76
	41121807	2592	704	73	0.65	77	0.28	80	69	72	46	71	2.04	68	1	69	3	69	-4	77
190	31120358	2591	1064	73	0.19	76	0.10	79	53	71	43	71	1.90	68	6	69	5	68	1	76
191	15521017	2589	1548	72	0.07	76	-0.02	79	53	70	45	70	1.89	67	4	68	6	68	-2	76
	37319054	2589	890	74	0.48	78	0.30	81	58	72	48	72	2.04	69	3	70	0	70	4	78
	37320070	2589	1343	72	0.29	76	0.14	79	63	70	48	70	2.19	67	1	68	3	67	-1	76
	37320117	2589	1006	70	0.41	74	0.17	77	63	68	41	67	2.33	64	4	65	3	65	7	74

（续）

序号	牛号	GCPI	产奶量		乳脂率		乳蛋白率		乳脂量		乳蛋白量		体细胞评分		体型总分		泌乳系统评分		肢蹄评分	
			GEBV (kg)	r^2 (%)	GEBV (%)	r^2 (%)	GEBV (%)	r^2 (%)	GEBV (kg)	r^2 (%)	GEBV (kg)	r^2 (%)	GEBV	r^2 (%)	GEBV (kg)	r^2 (%)	GEBV (%)	r^2 (%)	GEBV (%)	r^2 (%)
195	41118865	2588	1883	74	-0.02	78	-0.05	81	56	73	44	72	2.40	69	6	70	6	70	3	78
196	37321119	2587	1081	73	0.38	77	0.03	80	66	71	34	71	1.85	68	6	69	5	69	2	77
197	37321020	2586	1594	72	0.13	76	-0.01	79	58	70	46	70	2.03	67	3	68	6	67	-4	75
198	13120445	2584	1113	70	0.17	75	-0.04	78	52	69	33	68	1.55	65	7	66	5	66	7	74
	37316037	2584	1898	76	0.03	79	-0.04	82	58	74	45	74	2.13	71	4	72	3	71	3	78
	37320089	2584	867	73	0.44	76	0.19	79	62	71	42	71	2.30	68	4	69	6	68	0	76
201	11116665	2583	1553	79	0.05	82	-0.04	84	54	77	39	77	2.15	75	6	76	7	75	4	82
	11120615	2583	831	71	0.49	75	0.13	77	64	69	37	69	1.76	66	4	67	4	66	2	74
	15517034	2583	1841	75	-0.11	78	0.01	81	49	73	50	73	2.50	70	7	71	7	70	-4	78
	15520007	2583	745	73	0.54	77	0.11	79	68	72	36	71	1.95	69	5	70	5	69	0	77
	37320033	2583	1193	72	0.25	76	0.16	79	53	71	44	70	2.17	67	4	68	6	68	2	76
206	31118110	2582	1309	74	0.35	78	0.13	81	62	72	47	72	2.51	69	5	70	3	69	1	78
	37318009	2582	893	74	0.63	78	0.18	81	77	72	40	72	2.20	68	2	70	2	69	0	77
208	11120639	2581	519	70	0.51	74	0.19	77	60	68	36	68	1.49	65	5	65	4	65	0	74
	13119134	2581	1251	72	0.27	76	0.10	79	58	70	44	70	1.87	66	3	67	4	67	-1	75
210	11117609	2579	1660	76	0.00	80	0.06	83	50	75	48	74	2.96	72	9	72	7	72	3	80
	31118130	2579	1749	74	-0.08	78	-0.05	81	47	73	47	72	1.94	69	4	70	7	70	-4	78
	37321021	2579	1500	73	0.16	77	0.03	80	65	71	46	71	2.24	68	2	69	1	68	2	77
	37321049	2579	1639	72	0.20	76	0.09	79	66	70	51	70	1.90	67	-2	68	2	67	-7	75
214	15519021	2578	1403	72	0.16	76	0.11	79	56	70	49	70	1.90	67	2	68	3	68	-3	76
	37320071	2578	1242	68	0.27	73	0.13	76	65	66	47	66	2.10	62	2	64	1	63	-1	72
216	15519020	2576	1279	72	0.22	76	0.14	79	55	70	47	70	1.65	67	3	68	3	67	-4	76

（续）

序号	牛号	GCPI	产奶量		乳脂率		乳蛋白率		乳脂量		乳蛋白量		体细胞评分		体型总分		泌乳系统评分		肢蹄评分	
			GEBV (kg)	r^2 (%)	GEBV (%)	r^2 (%)	GEBV (%)	r^2 (%)	GEBV (kg)	r^2 (%)	GEBV (kg)	r^2 (%)	GEBV	r^2 (%)	GEBV (kg)	r^2 (%)	GEBV (%)	r^2 (%)	GEBV (%)	r^2 (%)
	31117447	2576	1831	77	-0. 30	80	0. 02	83	36	75	51	75	2. 33	72	6	73	6	73	5	80
	37319050	2576	1254	72	-0. 37	76	0. 05	79	21	71	43	70	1. 71	67	11	68	11	68	3	76
219	11122629	2574	1547	67	0. 01	72	0. 05	75	54	66	47	65	2. 24	62	4	63	5	62	-1	71
	15519011	2574	1813	72	0. 07	76	-0. 03	79	59	70	46	70	2. 34	67	4	68	5	67	-1	76
	15520004	2574	1394	73	0. 01	77	0. 13	80	47	71	49	71	2. 06	68	3	69	5	68	0	76
	15521003	2574	1140	73	0. 11	77	0. 05	80	50	72	41	71	1. 57	69	5	70	4	69	2	77
	31118106	2574	1635	73	0. 07	77	0. 06	80	56	71	50	71	2. 37	68	4	69	3	68	0	77
224	15520018	2573	1569	70	-0. 03	75	0. 04	77	53	69	48	68	2. 16	65	3	66	3	66	2	74
	31120373	2573	1705	71	0. 01	75	0. 05	78	52	69	44	69	2. 19	66	6	66	3	66	5	75
226	13120413	2572	804	72	0. 45	76	0. 14	79	61	70	35	70	2. 03	67	7	68	5	68	2	76
227	15519006	2571	1628	74	0. 16	78	-0. 02	81	64	73	45	72	2. 19	69	3	70	2	70	-1	77
	15519019	2571	1333	72	0. 34	76	0. 10	79	63	71	46	70	1. 95	67	2	69	2	68	-3	76
	15521001	2571	662	72	0. 65	76	0. 25	79	71	70	44	70	2. 46	67	3	68	2	68	1	76
230	15520013	2570	1406	72	0. 10	76	0. 13	79	46	70	47	70	1. 97	67	5	68	8	67	-7	75
	21220010	2570	1854	75	0. 11	79	-0. 04	81	64	73	47	72	2. 25	69	1	70	2	70	-1	78
232	13119138	2569	1356	72	0. 22	76	0. 09	79	59	71	46	70	2. 11	67	2	68	3	67	0	76
	15618001	2569	1062	78	0. 29	81	0. 10	84	54	77	37	76	2. 19	74	6	75	6	75	6	81
	21214049	2569	1734	79	0. 03	82	-0. 13	85	58	78	37	77	2. 34	75	6	76	6	76	7	82
	31118114	2569	1119	73	0. 27	77	0. 12	80	54	71	38	71	2. 17	68	6	69	4	68	8	76
	37319058	2569	1276	73	0. 39	77	0. 00	80	65	71	36	70	1. 54	67	3	69	4	68	-2	76
237	13120407	2567	1237	69	0. 22	73	0. 04	76	57	67	40	66	1. 68	63	4	64	4	64	-1	73
	15520034	2567	788	72	0. 19	76	0. 17	79	46	71	39	70	2. 31	67	9	69	10	68	1	76

（续）

序号	牛号	GCPI	产奶量		乳脂率		乳蛋白率		乳脂量		乳蛋白量		体细胞评分		体型总分		泌乳系统评分		肢蹄评分	
			GEBV (kg)	r^2 (%)	GEBV (%)	r^2 (%)	GEBV (%)	r^2 (%)	GEBV (kg)	r^2 (%)	GEBV (kg)	r^2 (%)	GEBV	r^2 (%)	GEBV (kg)	r^2 (%)	GEBV (%)	r^2 (%)	GEBV (%)	r^2 (%)
	37321040	2567	1248	72	0.30	76	0.06	78	64	70	43	70	1.69	67	0	68	3	68	-3	75
240	11119686	2566	699	73	0.68	77	0.21	80	62	72	33	71	1.90	67	5	69	6	69	3	77
	37320093	2566	1996	74	-0.08	78	-0.07	80	60	73	49	72	2.35	69	2	70	2	70	0	77
	37320119	2566	960	72	0.41	76	0.26	79	62	70	48	70	2.33	67	3	68	0	67	3	76
243	15516006	2565	1630	78	-0.16	81	0.06	84	43	77	48	76	2.37	74	7	75	4	75	5	81
	15520033	2565	1138	73	0.28	77	0.04	79	54	71	38	70	1.38	67	4	69	3	68	2	76
245	13120449	2564	1425	72	0.24	76	0.08	79	63	70	45	70	2.46	67	4	68	2	67	3	76
	37321108	2564	820	71	0.59	75	0.11	78	68	69	35	69	1.81	66	3	67	2	66	2	75
247	41119824	2563	422	72	0.50	76	0.27	79	51	71	38	70	1.75	67	5	68	5	68	4	76
248	37321007	2562	1777	72	0.15	76	-0.05	79	64	71	47	70	2.52	68	2	69	5	68	-5	76
249	15520009	2561	952	72	0.28	76	0.10	79	54	70	37	70	1.82	67	6	68	5	67	1	76
	37318044	2561	1192	76	0.12	80	0.03	82	52	75	37	75	1.75	72	6	73	8	73	-3	80
251	15518009	2560	1920	75	-0.26	79	-0.05	82	41	74	48	73	1.80	71	3	72	7	71	-4	79
252	13120451	2559	1092	72	0.29	76	0.10	79	59	70	41	69	2.03	66	3	68	3	67	3	76
253	12118410	2558	1271	78	0.20	82	-0.08	84	53	77	31	76	1.96	74	7	75	8	75	6	81
	15519007	2558	1623	74	0.06	78	0.02	81	54	72	44	72	2.31	68	4	69	5	69	2	77
	37321114	2558	669	67	0.31	72	0.19	75	49	65	38	65	1.67	61	5	63	5	62	3	71
256	13119122	2557	1126	71	0.32	75	0.07	78	57	69	39	68	1.70	65	3	66	5	66	-2	75
	37321036	2557	814	73	0.34	77	0.18	80	58	71	42	71	2.05	68	5	69	4	69	-2	77
258	15520015	2556	1728	71	0.14	75	0.09	78	56	69	51	69	2.04	66	1	67	4	66	-8	75
	15521024	2556	719	70	0.41	74	0.20	77	55	69	40	68	1.91	65	5	66	7	66	-5	74
	31120375	2556	1458	73	0.23	77	0.08	79	64	71	47	71	2.01	68	0	69	0	69	-1	77

（续）

序号	牛号	GCPI	产奶量		乳脂率		乳蛋白率		乳脂量		乳蛋白量		体细胞评分		体型总分		泌乳系统评分		肢蹄评分	
			GEBV (kg)	r^2 (%)	GEBV (%)	r^2 (%)	GEBV (%)	r^2 (%)	GEBV (kg)	r^2 (%)	GEBV (kg)	r^2 (%)	GEBV	r^2 (%)	GEBV (kg)	r^2 (%)	GEBV (%)	r^2 (%)	GEBV (%)	r^2 (%)
261	11116622	2555	1751	76	-0.14	80	-0.02	83	42	74	43	74	2.68	71	9	72	11	71	1	79
	14117622	2555	685	77	0.44	80	0.16	83	54	75	34	75	1.63	72	6	73	4	73	5	80
	31118119	2555	1040	73	0.26	77	0.08	80	51	72	39	71	1.64	68	6	70	4	69	0	77
264	11120606	2554	904	73	0.29	76	0.18	79	55	71	41	71	1.94	68	4	69	3	69	1	76
	14119343	2554	1552	74	-0.15	77	-0.02	80	47	72	44	72	2.08	69	6	70	5	69	-1	77
	15518010	2554	1603	76	-0.22	79	-0.01	82	36	74	44	74	1.46	71	6	72	7	72	-4	79
	31116440	2554	2070	75	-0.13	79	-0.14	81	53	73	46	73	2.00	70	3	70	3	70	-1	78
	31120366	2554	401	70	0.46	74	0.27	77	49	68	36	68	2.10	65	7	66	6	65	5	74
	41119836	2554	1161	72	0.38	76	0.17	79	60	70	48	70	2.31	67	2	68	3	68	-3	75
	65118359	2554	1833	76	0.02	79	0.06	82	54	74	54	74	2.58	71	2	72	3	71	-2	79
271	11116693	2553	2003	76	-0.21	80	-0.06	83	44	75	46	74	2.72	71	7	72	9	71	0	79
	11120616	2553	583	71	0.54	75	0.15	78	61	69	33	69	1.91	66	5	67	5	67	2	75
	37320123	2553	2025	72	-0.08	76	-0.09	79	60	71	49	71	2.24	68	1	69	3	68	-5	76
274	11120607	2551	1176	72	0.36	76	0.14	78	63	70	44	70	2.17	67	3	68	2	68	-1	75
	15520020	2551	1439	72	0.23	76	0.06	79	55	70	43	70	2.00	67	4	68	5	67	-3	76
	15520031	2551	1444	74	0.17	77	0.09	80	57	72	48	72	2.20	69	1	70	3	70	-2	77
	37320085	2551	1525	74	0.00	78	-0.01	80	55	73	44	72	1.95	70	2	71	4	70	-1	77
278	37321105	2550	751	73	0.54	77	0.16	80	66	71	40	71	1.61	68	0	69	1	68	-1	76
	41120826	2550	1769	72	-0.13	76	-0.07	79	48	70	47	70	1.89	67	3	68	4	68	-2	76
280	37320020	2549	315	70	0.58	75	0.24	78	58	69	36	68	1.30	65	2	66	1	66	2	74
	41121812	2549	1452	71	0.09	76	0.02	78	55	70	42	69	2.04	66	4	67	3	67	1	75
	61221124	2549	1485	71	-0.04	75	0.07	78	46	69	48	69	1.83	65	2	67	6	66	-6	74

（续）

序号	牛号	GCPI	产奶量		乳脂率		乳蛋白率		乳脂量		乳蛋白量		体细胞评分		体型总分		泌乳系统评分		肢蹄评分	
			GEBV (kg)	r^2 (%)	GEBV (%)	r^2 (%)	GEBV (%)	r^2 (%)	GEBV (kg)	r^2 (%)	GEBV (kg)	r^2 (%)	GEBV	r^2 (%)	GEBV (kg)	r^2 (%)	GEBV (%)	r^2 (%)	GEBV (%)	r^2 (%)
283	11116697	2546	1736	78	-0.03	81	-0.03	84	48	76	43	76	2.79	73	7	74	7	73	4	81
	11120617	2546	596	71	0.50	75	0.23	78	60	69	38	69	2.00	66	4	67	3	66	2	75
	14119341	2546	859	75	0.37	79	0.14	81	56	73	37	73	1.74	70	5	71	3	71	3	78
	37319057	2546	665	74	0.43	78	0.23	81	53	73	40	72	2.09	69	4	71	2	70	7	78
	37320111	2546	1433	72	0.25	76	0.11	79	60	70	49	70	2.03	67	-1	68	0	67	-2	76
288	15521011	2545	1219	70	0.28	74	0.04	77	60	68	41	68	2.00	65	3	66	2	65	1	74
	37321018	2545	803	74	0.52	78	0.12	81	69	73	38	72	1.79	69	2	71	-1	70	2	78
290	31120376	2544	765	72	0.38	76	0.15	79	58	70	38	70	1.79	67	3	68	3	67	1	75
	37321017	2544	1625	73	0.13	77	0.01	79	57	71	47	71	1.89	68	0	69	1	68	-2	76
292	13121215	2543	1094	69	0.26	74	0.13	77	55	67	41	66	2.26	63	4	64	3	63	6	73
	31121349	2543	1144	71	0.43	76	0.03	78	68	70	38	69	1.88	66	2	68	1	67	1	75
294	11117675	2542	1425	73	0.05	77	-0.03	80	49	71	39	71	1.95	68	5	69	5	69	2	77
	11119683	2542	1366	74	0.19	78	0.09	81	54	73	46	72	2.07	68	3	69	6	69	-6	77
296	13121267	2541	1240	73	0.11	77	0.09	80	48	72	45	71	2.05	69	2	70	2	69	4	77
	15520014	2541	2072	72	-0.18	76	0.00	79	46	70	52	70	2.34	67	2	68	5	67	-3	75
298	31120369	2540	150	72	0.61	76	0.27	79	53	71	33	70	1.74	67	6	68	3	68	8	76
	41120831	2540	815	74	0.48	78	0.18	81	64	73	39	73	1.94	70	3	71	2	71	0	78
300	11120526	2536	1527	72	0.27	76	0.13	79	56	71	45	70	2.57	67	5	68	4	68	-1	76
	11121653	2536	1112	73	0.27	77	0.20	80	49	71	45	71	2.58	68	6	68	7	67	-2	76
	14119339	2536	1019	75	0.19	79	0.17	81	49	73	41	73	2.25	70	6	71	3	71	5	78
	31118137	2536	1105	76	-0.02	80	0.11	83	36	75	44	75	1.76	72	6	73	6	73	0	80
	37321107	2536	878	73	0.47	77	0.16	79	66	71	42	71	1.93	68	1	69	-1	69	-1	77

（续）

序号	牛号	GCPI	产奶量		乳脂率		乳蛋白率		乳脂量		乳蛋白量		体细胞评分		体型总分		泌乳系统评分		肢蹄评分	
			GEBV (kg)	r^2 (%)	GEBV (%)	r^2 (%)	GEBV (%)	r^2 (%)	GEBV (kg)	r^2 (%)	GEBV (kg)	r^2 (%)	GEBV	r^2 (%)	GEBV (kg)	r^2 (%)	GEBV (%)	r^2 (%)	GEBV (%)	r^2 (%)
305	13316087	2535	1406	75	0. 11	79	0. 13	82	45	73	45	73	1. 96	70	4	71	2	71	3	79
	15517029	2535	1619	76	-0. 04	80	-0. 05	83	43	75	40	74	2. 10	71	8	72	7	71	1	79
	15520029	2535	1044	70	0. 22	74	0. 11	77	55	68	39	68	2. 37	64	4	65	6	65	3	74
	37317035	2535	1443	74	-0. 10	78	0. 11	81	43	72	48	72	2. 44	69	5	69	4	68	3	76
	41118828	2535	738	74	0. 55	78	0. 12	80	59	72	31	72	1. 76	69	5	70	5	70	2	77
310	11116683	2534	1166	78	0. 37	81	0. 05	84	59	76	37	76	2. 14	73	5	75	2	75	5	82
	11119678	2534	1305	73	0. 23	77	-0. 01	79	49	71	32	71	1. 70	68	6	69	7	68	3	76
	13316716	2534	2452	74	-0. 07	78	-0. 18	80	66	72	50	72	2. 39	69	-1	70	1	69	-4	77
	(37416716*)																			
313	15520011	2533	1074	72	0. 29	76	0. 10	79	58	71	39	70	1. 96	67	4	68	2	68	1	76
	37321066	2533	1125	69	0. 02	74	0. 13	77	44	68	45	67	2. 27	64	6	65	5	65	2	73
315	11120601	2532	320	73	0. 76	77	0. 29	80	70	72	38	71	1. 98	68	3	70	1	69	-2	77
	31118122	2532	1142	75	0. 06	79	0. 14	82	42	74	45	73	2. 30	70	4	71	6	70	3	78
317	11118671	2531	1101	74	0. 11	78	0. 15	80	43	72	45	72	1. 86	69	4	71	6	70	-4	78
	31120378	2531	696	71	0. 42	75	0. 25	78	57	69	42	68	2. 36	65	4	66	4	66	0	74
319	13316100	2530	1675	78	0. 37	81	-0. 01	84	70	76	43	76	2. 50	74	2	75	0	74	1	81
	15521022	2530	769	71	0. 57	75	0. 18	78	65	70	40	69	2. 24	66	3	67	2	67	-1	75
321	15521025	2529	1013	71	0. 12	75	0. 00	77	46	69	33	68	1. 72	66	7	67	8	66	0	74
	31116430	2529	1735	78	-0. 05	81	0. 02	84	51	76	50	76	2. 59	73	2	76	3	75	0	83
	31120355	2529	435	72	0. 57	76	0. 18	79	60	70	33	70	1. 73	67	3	68	1	67	7	76
324	13118304	2528	1338	73	0. 07	77	0. 03	80	49	72	41	71	2. 14	68	5	69	5	69	1	77
	15516044	2528	1102	79	0. 09	82	-0. 05	85	45	78	28	78	1. 88	75	10	76	6	76	11	82

（续）

序号	牛号	GCPI	产奶量 GEBV（kg）	产奶量 r^2（%）	乳脂率 GEBV（%）	乳脂率 r^2（%）	乳蛋白率 GEBV（%）	乳蛋白率 r^2（%）	乳脂量 GEBV（kg）	乳脂量 r^2（%）	乳蛋白量 GEBV（kg）	乳蛋白量 r^2（%）	体细胞评分 GEBV	体细胞评分 r^2（%）	体型总分 GEBV（kg）	体型总分 r^2（%）	泌乳系统评分 GEBV（%）	泌乳系统评分 r^2（%）	肢蹄评分 GEBV（%）	肢蹄评分 r^2（%）
	31118131	2528	1500	75	0.01	79	0.04	82	45	74	46	73	2.26	70	4	72	6	71	-1	79
	37321075	2528	1387	75	0.26	78	0.06	81	66	73	45	73	1.81	70	-1	71	-2	70	-2	78
328	65119367	2527	1713	74	-0.23	78	-0.05	81	40	73	44	72	2.52	69	7	70	8	70	0	78
	65120375	2527	2191	74	-0.25	78	-0.12	80	48	72	51	72	2.27	68	2	70	3	69	-4	77
330	15516040	2526	1509	77	0.12	81	-0.09	83	55	76	33	75	1.82	73	5	74	4	74	5	81
	37320102	2526	665	72	0.36	76	0.18	79	50	70	37	70	1.60	67	2	68	4	68	2	76
	41121808	2526	1556	69	0.09	73	0.07	76	54	67	47	67	2.11	63	1	64	2	64	-2	73
333	14115730	2525	636	76	0.36	80	0.21	82	48	75	37	74	1.59	72	5	72	4	72	2	79
334	11117680	2524	709	78	0.36	82	0.20	84	53	77	39	76	2.29	74	5	75	4	74	3	81
	37316030	2524	1549	78	0.04	82	0.06	84	45	76	45	76	2.28	73	5	74	4	74	3	81
	37319065	2524	1904	73	0.07	77	0.06	80	58	71	50	71	2.45	68	1	69	0	69	0	77
337	41118838	2523	1639	73	-0.23	77	-0.06	80	35	72	41	71	1.61	68	5	69	7	69	-2	77
338	11117692	2522	1360	74	0.13	78	0.15	81	46	72	45	72	2.20	69	2	69	3	68	3	76
	37319056	2522	728	74	0.57	78	0.24	80	61	72	42	72	2.12	69	0	70	0	69	3	77
	37321094	2522	1164	73	0.33	77	0.09	80	63	72	43	71	2.01	68	1	69	1	69	-3	77
	41119832	2522	826	72	0.32	76	0.19	79	51	71	42	70	2.09	67	2	69	3	68	2	76
	65119371	2522	563	72	0.71	76	0.15	79	66	70	32	70	1.72	67	2	68	5	67	-5	76
343	15516057	2521	1051	79	0.08	82	0.00	84	45	77	31	77	1.55	75	7	76	4	76	6	82
	15521021	2521	928	72	0.35	76	0.08	79	54	70	36	70	1.76	67	4	68	3	68	1	76
	37320121	2521	1696	71	-0.04	75	-0.12	78	53	69	43	69	1.84	66	2	67	2	67	-2	75
	37321025	2521	634	70	0.60	74	0.10	77	64	68	31	68	1.94	65	4	66	6	66	-3	74
347	15516043	2520	1246	77	0.16	81	-0.04	84	51	76	31	76	1.72	73	6	74	5	74	4	81

（续）

序号	牛号	GCPI	产奶量		乳脂率		乳蛋白率		乳脂量		乳蛋白量		体细胞评分		体型总分		泌乳系统评分		肢蹄评分	
			GEBV (kg)	r^2 (%)	GEBV (%)	r^2 (%)	GEBV (%)	r^2 (%)	GEBV (kg)	r^2 (%)	GEBV (kg)	r^2 (%)	GEBV	r^2 (%)	GEBV (kg)	r^2 (%)	GEBV (%)	r^2 (%)	GEBV (%)	r^2 (%)
	37321106	2520	933	74	0.53	78	0.06	80	69	72	37	72	1.71	69	-1	71	-1	70	1	77
	41118859	2520	1855	74	-0.26	78	-0.01	80	38	72	51	72	2.34	69	3	70	6	70	-3	78
350	11120621	2519	837	72	0.36	76	0.18	79	56	70	40	70	2.36	67	4	68	3	67	3	76
	13120429	2519	1153	70	0.08	74	-0.02	77	49	68	34	67	1.45	64	5	65	5	65	-1	74
352	11120623	2518	743	68	0.52	72	0.20	75	63	67	38	66	1.97	63	3	64	2	63	-1	72
	15517036	2518	1363	77	0.04	81	0.03	83	41	76	35	75	1.78	73	8	74	5	73	5	81
	15519018	2518	1278	73	0.18	77	0.08	80	55	71	42	71	1.43	68	1	69	2	68	-6	76
	37320113	2518	705	73	0.43	77	0.18	80	56	71	37	71	1.85	68	1	69	3	68	1	76
356	31121344	2516	1628	72	0.09	76	-0.05	79	57	71	44	70	2.07	67	1	69	1	68	-2	76
	37321016	2516	1401	71	0.28	75	0.07	78	63	69	42	69	2.01	65	0	67	2	66	-4	74
	41119807	2516	1625	73	0.04	77	-0.08	79	53	71	37	70	1.86	67	3	68	4	67	1	76
	41120832	2516	621	74	0.59	78	0.20	81	65	73	36	72	1.78	69	2	71	2	70	-3	78
360	11120628	2515	759	73	0.49	77	0.15	79	65	71	35	71	1.98	68	2	69	2	69	0	76
	13316094	2515	1236	75	0.07	79	0.00	81	43	73	34	73	1.98	70	6	71	7	71	5	78
362	15520028	2514	1872	73	-0.24	77	0.00	80	41	72	51	71	2.30	69	4	70	4	69	-4	77
	31118102	2514	1478	75	-0.15	78	0.04	81	36	73	45	73	1.79	70	4	71	7	70	-4	78
	37319005	2514	1013	74	0.23	78	0.18	81	46	73	42	72	2.14	70	4	71	4	71	0	78
365	11116673	2513	733	76	0.26	80	0.12	82	44	74	32	74	1.56	71	7	73	4	72	5	80
	13118308	2513	1036	74	0.36	78	0.06	81	54	73	33	73	2.14	70	5	71	4	70	8	78
367	11119680	2512	690	72	0.65	76	0.11	79	63	71	28	70	1.66	67	4	68	6	68	-2	76
	31118089	2512	752	75	0.30	79	0.25	82	46	74	41	73	1.63	70	3	72	3	71	-1	79
369	21219018	2511	720	72	0.36	76	0.15	79	48	70	37	70	1.64	66	3	67	4	66	1	75

（续）

序号	牛号	GCPI	产奶量		乳脂率		乳蛋白率		乳脂量		乳蛋白量		体细胞评分		体型总分		泌乳系统评分		肢蹄评分	
			GEBV (kg)	r^2 (%)	GEBV (%)	r^2 (%)	GEBV (%)	r^2 (%)	GEBV (kg)	r^2 (%)	GEBV (kg)	r^2 (%)	GEBV	r^2 (%)	GEBV (kg)	r^2 (%)	GEBV (%)	r^2 (%)	GEBV (%)	r^2 (%)
	31116432	2511	1124	70	0.30	74	0.08	77	53	68	41	68	1.78	65	2	66	3	66	-3	74
	65117343	2511	1539	73	0.08	77	0.05	80	49	71	44	71	1.69	68	3	69	0	68	-1	77
372	11120632	2510	418	72	0.58	77	0.19	79	58	71	32	70	1.64	67	2	69	3	68	2	76
	37320125	2510	900	70	0.26	75	0.12	78	55	69	40	68	1.99	65	3	66	1	66	2	74
374	11116677	2509	924	75	0.08	79	0.08	81	38	73	32	73	1.71	70	7	71	7	71	6	79
	11117809	2509	1127	71	0.09	75	0.06	78	43	69	39	69	2.18	65	7	67	6	66	1	75
	37320077	2509	1337	73	0.02	77	0.05	79	49	71	42	71	1.95	68	3	69	4	68	-2	76
	37320108	2509	489	71	0.44	76	0.16	78	55	70	32	69	1.37	66	4	67	6	66	-5	75
	41121825	2509	1782	70	-0.30	75	-0.04	78	40	69	47	68	2.28	65	4	66	4	66	2	74
379	11120613	2508	639	74	0.40	77	0.26	80	50	72	41	72	2.06	69	3	70	3	69	3	77
	13120417	2508	1109	71	0.13	75	0.03	78	50	69	37	69	1.62	66	3	67	3	66	0	75
	15520030	2508	1625	72	-0.07	76	0.05	79	44	71	49	70	2.13	67	3	68	2	68	-1	76
	21215023	2508	765	80	-0.08	83	0.10	85	22	79	33	78	1.54	76	10	77	9	76	7	83
	21215025	2508	762	80	-0.08	83	0.10	85	22	79	33	78	1.54	76	10	77	9	76	7	83
	31116435	2508	1160	78	-0.03	81	-0.05	84	38	76	31	76	2.15	73	12	74	7	73	7	81
	31118116	2508	1103	73	0.25	77	0.07	79	52	71	34	71	2.49	68	6	68	6	68	6	76
	31118133	2508	1024	75	0.05	79	0.06	81	38	73	38	72	1.69	69	6	71	5	70	1	79
387	15516073	2507	984	78	0.16	82	0.01	84	46	77	32	77	1.79	74	7	75	5	75	5	82
	31116151	2507	1552	76	-0.07	80	-0.04	82	40	75	39	74	1.86	72	6	73	7	73	-2	80
	37317033	2507	1212	71	-0.04	76	-0.01	79	33	69	33	69	1.56	66	8	67	9	66	1	75
390	37321022	2506	1171	73	0.37	77	0.06	80	63	72	39	71	2.16	69	2	70	2	69	-3	77
	37321042	2506	694	71	0.56	75	0.17	78	64	70	36	69	1.97	67	2	68	2	67	-1	75

（续）

序号	牛号	GCPI	产奶量		乳脂率		乳蛋白率		乳脂量		乳蛋白量		体细胞评分		体型总分		泌乳系统评分		肢蹄评分	
			GEBV (kg)	r^2 (%)	GEBV (%)	r^2 (%)	GEBV (%)	r^2 (%)	GEBV (kg)	r^2 (%)	GEBV (kg)	r^2 (%)	GEBV	r^2 (%)	GEBV (kg)	r^2 (%)	GEBV (%)	r^2 (%)	GEBV (%)	r^2 (%)
	41118820	2506	1488	73	0.02	77	0.03	79	48	71	43	71	1.96	68	1	69	5	68	-3	76
393	11118653	2505	1093	74	0.19	78	0.05	80	48	72	38	72	1.88	69	5	70	4	70	1	78
	13120411	2505	1240	71	0.15	75	0.07	78	56	69	40	69	2.41	66	4	67	3	66	1	75
	13121069	2505	970	75	0.46	79	0.05	81	66	74	37	73	1.86	70	1	72	0	71	-1	79
	15519015	2505	958	73	0.48	77	0.16	80	67	71	40	71	2.41	68	1	69	1	69	0	77
	15520005	2505	1576	71	0.01	76	0.07	79	50	70	45	69	2.42	66	4	67	3	67	-1	75
	37321024	2505	930	74	0.31	77	0.06	80	55	72	34	72	1.94	69	4	70	4	69	3	77
399	11118660	2504	1212	73	0.14	76	0.02	79	46	71	36	71	1.60	68	5	69	6	68	-4	76
	11121555	2504	1315	72	0.19	76	0.03	79	54	71	39	70	2.06	68	3	68	1	68	3	76
	15516078	2504	1218	79	0.00	82	-0.03	84	43	77	33	77	2.02	74	8	76	8	76	2	83
	31118454	2504	767	75	0.46	78	0.14	81	58	73	33	73	2.24	70	5	71	5	70	3	78
	37320026	2504	350	72	0.49	76	0.26	79	46	71	36	70	1.44	67	3	68	4	68	-1	76
	37321086	2504	572	73	0.65	77	0.12	80	68	71	34	71	1.51	68	1	69	1	69	-4	77
405	65117339	2503	1099	79	0.01	82	0.07	84	38	77	36	77	2.11	75	9	75	7	75	4	81
406	15518005	2502	1327	73	0.20	77	0.01	80	50	71	35	70	2.13	67	4	68	5	67	4	76
	31118452	2502	1382	74	-0.02	78	0.01	81	39	72	39	72	2.15	69	8	70	6	69	2	78
408	11116669	2501	1388	78	-0.03	81	0.01	84	47	77	40	77	2.31	74	5	75	5	75	2	81
	11116678	2501	786	76	0.40	79	0.10	81	51	74	31	74	1.55	71	4	73	3	72	4	79
	15516042	2501	750	77	0.37	80	0.04	83	51	75	27	75	1.55	72	6	73	2	73	8	80
411	15521014	2499	1115	69	0.11	73	0.17	76	49	67	47	66	2.40	63	1	64	3	64	-2	72
	65117325	2499	1226	75	0.18	79	0.01	82	50	74	36	73	1.95	70	5	72	3	71	3	79
413	11119685	2498	1355	74	0.18	78	0.02	81	53	73	40	72	1.80	69	2	69	3	69	-3	77

（续）

序号	牛号	GCPI	产奶量		乳脂率		乳蛋白率		乳脂量		乳蛋白量		体细胞评分		体型总分		泌乳系统评分		肢蹄评分	
			GEBV (kg)	r^2 (%)	GEBV (%)	r^2 (%)	GEBV (%)	r^2 (%)	GEBV (kg)	r^2 (%)	GEBV (kg)	r^2 (%)	GEBV	r^2 (%)	GEBV (kg)	r^2 (%)	GEBV (%)	r^2 (%)	GEBV (%)	r^2 (%)
	14119336	2498	937	75	0.03	79	0.13	82	38	74	37	73	1.81	70	6	72	3	71	7	79
415	15520027	2497	551	70	0.42	74	0.15	77	56	68	33	68	2.39	65	5	66	8	65	-1	74
	15521019	2497	714	72	0.54	76	0.12	79	62	70	32	70	1.69	67	2	68	3	67	-1	76
	31119391	2497	813	73	0.10	76	0.18	79	35	71	36	71	1.63	68	6	68	6	67	3	75
418	13316715	2496	1586	75	0.02	79	-0.09	82	44	74	36	74	1.80	71	5	72	5	71	1	79
	(37416715*)																			
419	37320078	2495	1113	73	0.16	77	0.11	80	51	71	44	71	2.10	68	1	69	2	69	0	76
420	12116372	2493	889	78	0.19	81	-0.03	84	45	77	25	76	1.82	74	8	75	8	75	5	81
	31116148	2493	886	79	0.22	82	0.07	84	46	77	31	77	1.97	75	7	76	5	75	6	82
	37319027	2493	1070	74	0.18	78	0.13	81	46	72	42	72	2.14	69	5	70	1	69	5	77
423	11122626	2492	706	71	0.53	75	0.11	78	63	70	34	69	1.91	67	2	67	0	67	2	75
	15518004	2492	616	73	0.38	77	0.15	80	49	72	30	71	1.91	68	7	69	6	69	4	77
425	11117808	2491	704	77	0.19	81	0.07	83	43	76	30	75	1.17	72	5	74	6	73	0	80
426	11117672	2490	1810	73	-0.26	78	-0.01	80	36	72	48	71	2.06	68	4	69	3	69	-1	77
427	14119340	2489	740	72	0.35	76	0.19	79	52	70	39	70	2.11	67	3	68	4	68	-1	76
	15519022	2489	858	72	0.25	76	0.15	79	48	70	39	70	1.48	67	1	68	2	67	-2	76
429	65116276	2488	1690	76	-0.26	80	-0.17	82	32	74	33	74	1.69	71	8	73	11	72	-2	80
430	11121557	2487	673	72	0.36	76	0.15	79	51	70	35	70	1.97	67	4	68	6	67	-2	75
	15519001	2487	1398	72	-0.07	76	0.02	79	44	70	40	70	1.98	67	4	68	2	68	3	76
432	14117420	2485	1461	77	0.00	80	0.00	83	43	75	42	75	1.92	73	3	74	4	73	-2	80
	61220112	2485	1118	72	0.01	76	-0.01	79	40	71	34	70	1.52	67	5	69	7	68	-2	76
434	15519013	2484	1878	74	-0.05	78	-0.11	81	54	73	41	72	2.41	69	3	70	2	69	0	77

（续）

序号	牛号	GCPI	产奶量 GEBV (kg)	产奶量 r^2 (%)	乳脂率 GEBV (%)	乳脂率 r^2 (%)	乳蛋白率 GEBV (%)	乳蛋白率 r^2 (%)	乳脂量 GEBV (kg)	乳脂量 r^2 (%)	乳蛋白量 GEBV (kg)	乳蛋白量 r^2 (%)	体细胞评分 GEBV	体细胞评分 r^2 (%)	体型总分 GEBV (kg)	体型总分 r^2 (%)	泌乳系统评分 GEBV (%)	泌乳系统评分 r^2 (%)	肢蹄评分 GEBV (%)	肢蹄评分 r^2 (%)
	21214050	2484	989	79	0.16	82	0.01	84	44	77	29	77	2.30	75	8	76	9	75	6	81
	37317009	2484	1130	78	-0.02	82	0.06	85	33	76	34	76	2.10	72	11	74	8	73	4	81
437	11115635	2482	580	81	0.49	84	0.03	86	53	79	21	79	1.58	77	6	79	7	78	4	85
	12116374	2482	801	79	0.16	82	0.02	84	40	77	26	77	1.51	75	9	75	6	75	5	82
	15518007	2482	1083	74	-0.01	78	0.07	81	31	73	37	72	2.19	69	8	71	9	70	3	78
440	13316090	2481	1544	74	0.00	78	0.00	81	46	72	40	72	2.23	69	3	70	2	69	4	78
	31116165	2481	1304	77	0.11	80	-0.06	83	47	76	33	75	1.94	73	3	74	4	74	5	81
	37319060	2481	360	72	0.52	76	0.19	78	52	70	28	70	2.21	66	6	68	7	67	5	75
	41119825	2481	497	72	0.59	76	0.18	79	57	71	31	70	1.86	67	2	68	2	68	5	76
444	11119690	2479	1165	75	-0.09	78	0.03	81	29	73	37	73	1.64	70	6	71	8	70	0	78
	13316091	2479	1710	73	-0.04	77	-0.04	80	46	71	40	71	2.35	68	6	69	4	68	0	77
	31120365	2479	754	71	0.33	76	0.19	78	51	70	37	69	2.64	66	5	67	4	67	6	75
447	15521015	2478	1156	72	0.19	76	0.09	79	51	71	41	70	1.92	67	3	69	0	68	0	76
448	12118402	2477	1125	77	-0.10	80	0.05	83	28	75	33	75	2.02	72	10	73	7	73	8	80
449	11122616	2476	1016	71	0.09	75	0.05	78	46	69	37	69	1.77	66	4	67	2	66	2	74
	15517067	2476	1024	75	-0.22	79	-0.03	82	24	73	32	73	1.24	70	8	71	11	71	-2	78
451	11116688	2475	538	76	0.30	80	0.12	82	42	74	27	74	1.58	71	7	72	5	72	5	80
	13120443	2475	959	73	0.19	77	0.13	80	46	71	39	71	1.75	68	2	68	3	68	-2	76
453	31119085	2474	919	74	0.17	78	0.13	80	41	72	36	72	1.91	69	4	70	4	69	4	77
	41118847	2474	1587	74	0.17	78	-0.03	81	53	73	41	73	1.74	70	-1	71	0	70	-2	78
455	41118855	2473	1183	72	0.24	76	0.07	79	46	71	36	70	1.87	67	4	68	6	68	-3	76
	13316708 (37416708*)	2473	1847	73	-0.08	77	-0.09	80	51	72	42	71	2.15	68	1	69	1	69	0	77

（续）

序号	牛号	GCPI	产奶量 GEBV (kg)	产奶量 r^2 (%)	乳脂率 GEBV (%)	乳脂率 r^2 (%)	乳蛋白率 GEBV (%)	乳蛋白率 r^2 (%)	乳脂量 GEBV (kg)	乳脂量 r^2 (%)	乳蛋白量 GEBV (kg)	乳蛋白量 r^2 (%)	体细胞评分 GEBV	体细胞评分 r^2 (%)	体型总分 GEBV (kg)	体型总分 r^2 (%)	泌乳系统评分 GEBV (%)	泌乳系统评分 r^2 (%)	肢蹄评分 GEBV (%)	肢蹄评分 r^2 (%)
457	11120627	2472	535	72	0.46	76	0.21	79	52	70	33	70	2.53	66	5	68	7	67	3	75
	15516046	2472	1148	78	0.11	82	-0.02	84	44	77	31	76	2.07	74	7	75	5	74	5	81
459	15517050	2471	1034	79	0.26	82	0.06	85	53	78	35	77	1.95	75	2	76	3	76	0	82
460	13120455	2470	1365	71	0.13	75	-0.03	78	52	70	34	69	2.24	67	5	67	6	67	-1	75
	15521006	2470	442	73	0.33	77	0.13	80	45	71	28	71	1.51	68	7	69	8	69	-3	76
	41118849	2470	1356	74	0.00	78	0.06	81	38	73	44	72	1.90	69	2	70	6	69	-6	77
463	15521007	2469	852	71	0.14	75	0.02	78	44	69	29	69	1.79	66	7	67	7	67	0	75
464	11117670	2468	1601	74	-0.02	78	0.00	81	45	73	45	72	2.15	70	3	70	4	70	-6	78
	15520002	2468	1005	73	0.11	77	0.10	80	41	72	41	71	2.15	68	3	69	5	69	-2	77
	21216047	2468	1389	78	-0.24	81	-0.02	83	27	76	37	76	1.68	73	7	74	5	74	4	81
	31119385	2468	1158	71	0.38	75	0.05	78	60	69	34	69	2.17	66	3	67	5	66	-4	74
	37321029	2468	1171	70	-0.06	75	0.04	78	43	69	41	68	2.27	65	4	66	3	65	2	74
	65118357	2468	468	75	0.43	79	0.20	81	41	73	30	73	1.23	70	5	71	5	71	0	79
470	11116698	2467	669	80	0.23	83	0.07	85	43	78	29	78	2.22	75	8	76	5	76	9	83
	11117658	2467	1237	76	0.06	80	0.03	82	43	74	36	74	1.93	71	4	72	5	71	-1	79
	61220117	2467	1838	73	-0.26	77	-0.02	80	37	71	47	71	2.43	68	3	69	0	68	5	77
473	11118655	2466	1421	73	0.02	77	0.01	80	47	71	41	71	2.01	68	3	69	4	69	-6	77
	12117394	2466	1084	79	0.25	82	0.01	84	55	77	33	77	2.42	75	5	76	4	75	4	81
	13118328	2466	1032	74	0.53	78	0.09	80	65	72	34	72	1.92	69	-1	70	-2	70	3	77
	15519017	2466	1263	73	0.16	77	0.04	80	58	71	40	71	2.30	68	2	69	1	69	-1	77
477	15516070	2465	1349	80	0.05	83	0.02	85	50	78	39	78	2.34	75	4	77	5	77	-3	84
478	11115611	2464	1544	78	-0.10	82	-0.15	84	35	77	30	76	2.10	74	9	75	8	74	4	81
	13316089	2464	1366	76	0.09	80	0.05	83	46	75	40	74	2.70	71	4	72	6	71	1	79

（续）

序号	牛号	GCPI	产奶量		乳脂率		乳蛋白率		乳脂量		乳蛋白量		体细胞评分		体型总分		泌乳系统评分		肢蹄评分	
			GEBV (kg)	r^2 (%)	GEBV (%)	r^2 (%)	GEBV (%)	r^2 (%)	GEBV (kg)	r^2 (%)	GEBV (kg)	r^2 (%)	GEBV	r^2 (%)	GEBV (kg)	r^2 (%)	GEBV (%)	r^2 (%)	GEBV (%)	r^2 (%)
	15517030	2464	1595	76	-0.13	80	-0.01	82	39	74	42	74	2.26	71	6	71	5	71	-2	79
	21216033	2464	1658	77	-0.08	80	-0.14	83	43	76	34	75	2.25	73	5	74	5	74	6	80
482	15516060	2463	1477	77	-0.05	80	0.03	83	42	75	42	75	2.16	72	3	73	3	73	1	80
	37316018	2463	829	76	0.25	80	0.01	82	46	74	27	73	1.40	70	6	72	4	72	3	80
	37316033	2463	1419	77	0.26	80	0.06	83	52	75	42	75	2.25	72	1	72	1	72	0	79
	37320095	2463	1757	75	-0.01	79	-0.03	81	53	74	49	73	2.09	70	-3	71	-1	71	-5	78
	65117347	2463	1518	75	-0.20	79	0.02	82	37	74	44	73	2.19	70	2	70	2	70	3	78
487	11116686	2462	1182	76	-0.02	80	0.01	83	40	75	34	74	2.13	71	7	72	5	72	4	80
	15521016	2462	407	68	0.32	73	0.12	76	44	66	29	66	1.93	63	5	64	7	63	4	72
	37317036	2462	1099	74	-0.25	78	0.08	81	22	73	39	72	1.69	69	6	70	4	69	5	77
	37320023	2462	1075	73	0.18	77	0.15	80	45	72	42	71	2.20	69	3	70	4	69	-3	77
491	15521005	2461	571	72	0.20	76	0.06	79	42	71	31	70	1.32	68	4	69	5	68	-2	76
	21217012	2461	1532	76	0.00	80	0.03	83	41	75	40	74	1.78	71	2	72	0	72	3	79
493	11119672	2460	887	73	0.50	77	0.08	80	60	72	29	71	2.10	68	3	70	5	69	-1	77
	14115826	2460	1278	74	0.11	78	0.00	81	50	73	36	72	1.97	69	2	71	1	70	4	78
	61220108	2460	1048	74	0.04	78	0.17	80	41	72	45	72	1.97	69	1	69	1	69	-2	77
496	11120619	2459	683	70	0.34	75	0.11	78	47	68	29	68	2.10	65	7	66	5	65	5	74
	13316088	2459	1379	76	-0.03	80	0.03	82	40	75	40	74	2.21	71	4	72	6	72	-3	79
	21219016	2459	892	73	0.13	77	0.10	80	42	72	35	71	2.21	68	4	69	6	69	3	77
	37318021	2459	801	76	0.21	80	0.10	83	47	75	36	74	1.77	71	2	73	3	72	0	80
500	11120610	2458	894	73	0.12	77	0.11	80	40	71	33	71	2.30	68	9	69	6	69	2	77
	31116433	2458	775	78	0.12	82	0.11	84	39	77	35	76	2.06	74	3	74	5	74	5	81

（续）

序号	牛号	GCPI	产奶量		乳脂率		乳蛋白率		乳脂量		乳蛋白量		体细胞评分		体型总分		泌乳系统评分		肢蹄评分	
			GEBV（kg）	r^2（%）	GEBV（%）	r^2（%）	GEBV（%）	r^2（%）	GEBV（kg）	r^2（%）	GEBV（kg）	r^2（%）	GEBV	r^2（%）	GEBV（kg）	r^2（%）	GEBV（%）	r^2（%）	GEBV（%）	r^2（%）
502	11119677	2457	312	76	0.50	79	0.24	82	46	74	32	74	1.42	71	3	72	3	71	-1	79
	21217039	2457	1018	73	0.27	77	0.15	80	50	71	42	71	1.67	68	0	69	-1	68	-3	76
	31120363	2457	269	73	0.60	77	0.17	79	57	71	28	71	1.72	68	4	69	2	68	2	76
505	14118106	2456	814	74	0.11	78	0.08	81	36	73	33	72	1.74	70	6	70	4	70	4	78
	14119337	2456	791	75	0.15	79	0.17	81	42	73	36	73	1.73	69	3	71	2	70	2	78
	15519010	2456	1650	76	-0.05	79	-0.05	82	49	74	41	74	2.47	71	2	71	4	71	0	79
508	11118663	2455	393	73	0.52	77	0.19	79	48	71	31	71	1.56	68	3	69	2	68	4	76
	11122507	2455	600	72	0.36	76	0.16	79	44	70	33	70	2.13	67	6	68	3	67	6	75
510	15517057	2454	974	77	0.22	80	-0.02	83	46	75	28	75	1.62	72	6	73	4	73	2	80
	37320004	2454	1066	72	-0.04	76	0.09	79	30	70	39	70	1.77	67	4	68	5	68	1	76
	65118360	2454	1280	74	0.10	78	0.08	81	47	73	44	72	2.25	69	1	70	1	70	-1	78
513	11118662	2453	657	72	0.19	76	0.12	78	41	70	31	70	1.79	67	5	68	5	67	3	75
	14119338	2453	868	74	-0.08	78	0.12	81	31	73	35	72	1.82	69	6	71	4	70	6	78
	37113992	2453	1387	80	0.01	83	-0.05	85	46	79	35	79	2.58	76	7	77	4	77	5	83
	37318055	2453	1587	74	-0.02	78	0.00	80	49	72	44	72	2.23	69	1	70	-2	69	2	77
517	11120609	2452	1556	74	-0.06	78	-0.01	81	47	73	41	72	2.44	70	5	71	4	70	-3	78
	14119342	2452	1226	75	-0.10	78	-0.06	81	42	73	35	73	2.15	70	5	71	4	71	4	78
	37319012	2452	1211	75	-0.31	79	-0.03	81	23	73	36	73	1.64	70	7	71	4	71	6	79
520	11121556	2450	1177	74	0.18	78	0.07	81	49	72	39	72	1.98	69	3	70	2	70	-4	78
	15519016	2450	679	73	0.35	77	0.07	80	49	72	27	71	1.86	68	5	69	5	69	2	76
	21216035	2450	1872	77	-0.14	80	-0.12	83	46	75	38	75	2.67	72	5	73	6	73	0	80
	37315041	2450	867	79	0.15	82	0.01	84	41	77	31	77	2.32	74	8	76	8	76	2	83

（续）

序号	牛号	GCPI	产奶量		乳脂率		乳蛋白率		乳脂量		乳蛋白量		体细胞评分		体型总分		泌乳系统评分		肢蹄评分	
			GEBV (kg)	r^2 (%)	GEBV (%)	r^2 (%)	GEBV (%)	r^2 (%)	GEBV (kg)	r^2 (%)	GEBV (kg)	r^2 (%)	GEBV	r^2 (%)	GEBV (kg)	r^2 (%)	GEBV (%)	r^2 (%)	GEBV (%)	r^2 (%)
524	11116682	2448	525	81	0.23	85	0.13	87	39	80	29	80	2.12	77	9	78	8	78	2	85
	11120611	2448	1119	73	0.16	77	0.04	80	48	72	34	71	2.47	68	6	69	5	69	1	77
526	11117699	2447	739	73	0.38	77	0.01	80	47	71	23	71	1.74	68	6	68	5	68	7	76
	15518011	2447	1682	73	-0.31	77	-0.04	79	32	71	45	71	1.96	68	2	69	5	69	-4	76
	31118108	2447	1117	73	0.08	77	0.06	80	44	71	35	71	2.15	68	3	69	4	68	3	76
529	11118613	2446	1093	78	-0.11	81	0.01	84	26	76	32	76	2.00	73	9	72	8	72	4	80
530	15517047	2445	1099	79	0.22	82	0.00	84	53	78	32	77	2.10	75	3	76	5	76	-2	82
531	14118111	2444	900	75	0.10	79	0.03	82	39	73	32	73	2.10	70	7	71	4	70	4	78
532	31119472	2443	858	75	0.10	79	0.06	82	41	74	32	73	2.22	71	6	72	7	72	1	79
	37319016	2443	789	74	0.32	78	0.15	80	45	72	34	72	1.70	69	2	70	2	69	1	77
	61218104	2443	896	74	0.23	78	0.06	81	46	73	31	72	1.94	69	4	71	4	70	2	78
	65117342	2443	1075	73	-0.02	77	0.08	80	32	71	37	71	1.89	68	5	69	6	69	1	77
536	12116382	2442	1643	79	-0.05	82	-0.04	85	45	78	39	78	2.15	75	4	76	0	76	2	82
	15516058	2442	1268	76	-0.13	80	-0.02	83	31	75	34	74	1.85	71	9	72	4	71	3	79
	37319023	2442	1230	72	0.02	76	0.02	79	41	70	36	70	2.04	67	3	68	6	67	-2	75
539	15517004	2441	1325	75	-0.10	79	0.00	82	37	74	39	73	2.13	71	4	71	5	71	0	78
	15519005	2441	913	72	0.33	76	0.01	79	53	70	28	70	1.96	66	3	68	5	67	0	75
	21216001	2441	1366	77	-0.11	80	-0.09	83	37	75	33	75	1.84	72	6	73	7	73	-3	80
	61217087	2441	1092	77	0.08	80	-0.01	83	47	75	34	75	2.00	72	5	74	1	73	3	80
543	15519014	2440	1164	74	0.14	78	0.02	81	53	73	37	72	2.17	70	2	71	1	70	0	78
544	12117393	2439	934	79	0.35	82	-0.08	85	57	78	23	78	1.97	75	4	76	5	76	3	82
	15518012	2439	1364	74	-0.20	78	-0.08	80	30	72	34	72	1.87	69	6	69	8	69	-1	77

（续）

序号	牛号	GCPI	产奶量 GEBV (kg)	产奶量 r^2 (%)	乳脂率 GEBV (%)	乳脂率 r^2 (%)	乳蛋白率 GEBV (%)	乳蛋白率 r^2 (%)	乳脂量 GEBV (kg)	乳脂量 r^2 (%)	乳蛋白量 GEBV (kg)	乳蛋白量 r^2 (%)	体细胞评分 GEBV	体细胞评分 r^2 (%)	体型总分 GEBV (kg)	体型总分 r^2 (%)	泌乳系统评分 GEBV (%)	泌乳系统评分 r^2 (%)	肢蹄评分 GEBV (%)	肢蹄评分 r^2 (%)
	37321043	2439	742	71	0. 43	75	0. 10	78	60	69	36	69	2. 01	66	-1	67	2	67	-6	75
547	11116676	2438	697	78	0. 10	81	-0. 04	83	40	76	23	76	2. 12	74	10	74	8	74	6	80
	11118635	2438	803	74	-0. 02	78	0. 06	81	29	72	34	72	1. 60	69	6	70	7	70	-1	78
	15517056	2438	1198	74	-0. 20	77	0. 05	80	23	72	41	72	1. 72	69	5	71	7	70	-5	78
550	15517052	2437	940	73	0. 15	77	0. 10	80	40	72	35	71	1. 34	68	3	70	0	69	1	77
551	11116672	2436	694	76	-0. 07	79	0. 02	82	27	74	26	74	2. 05	71	12	72	8	72	8	80
	21214065	2436	538	78	0. 31	81	0. 08	83	43	76	24	76	1. 46	74	4	74	5	74	4	80
553	11121552	2435	878	73	0. 30	77	0. 12	79	46	71	37	71	1. 96	68	0	69	2	69	2	76
	15517042	2435	1934	73	-0. 03	77	-0. 16	80	56	71	38	71	1. 96	67	-2	69	-3	68	3	76
	37317031	2435	1780	75	-0. 21	79	-0. 13	82	38	74	41	74	1. 99	71	3	72	5	71	-6	79
556	13119112	2434	1108	72	0. 21	76	0. 11	79	49	70	39	70	1. 98	66	0	67	3	67	-4	75
557	21214068	2433	534	78	0. 30	81	0. 08	83	43	76	24	76	1. 47	74	4	74	5	74	4	80
558	31115187	2432	1106	77	0. 03	81	0. 01	83	33	76	34	75	1. 44	73	3	74	3	74	4	81
	31118461	2432	1265	74	0. 13	78	0. 00	81	47	73	37	73	2. 20	70	3	71	4	70	-2	77
560	11116687	2431	1057	76	-0. 02	80	0. 01	83	37	75	32	74	1. 86	71	6	73	2	72	6	80
	37113991	2431	696	81	0. 26	84	0. 07	86	43	79	29	79	2. 30	77	7	78	5	77	5	83
562	31116160	2430	1469	80	-0. 16	84	-0. 06	86	36	79	33	79	2. 12	76	7	77	5	77	3	83
	41119822	2430	894	74	0. 26	78	0. 14	81	49	73	38	73	2. 45	70	3	71	2	70	1	78
564	13120405	2428	825	74	0. 24	78	0. 16	80	49	72	38	72	2. 28	69	2	70	1	70	0	77
	37317003	2428	1148	78	0. 09	81	0. 02	84	44	77	35	76	2. 44	74	5	75	4	75	2	81
	37317040	2428	1007	79	0. 24	82	-0. 02	84	51	77	31	77	2. 21	75	5	76	4	75	-1	82
567	21218003	2427	668	72	0. 25	76	0. 17	79	42	70	38	70	2. 07	67	3	68	3	68	-1	76

（续）

序号	牛号	GCPI	产奶量		乳脂率		乳蛋白率		乳脂量		乳蛋白量		体细胞评分		体型总分		泌乳系统评分		肢蹄评分	
			GEBV (kg)	r^2 (%)	GEBV (%)	r^2 (%)	GEBV (%)	r^2 (%)	GEBV (kg)	r^2 (%)	GEBV (kg)	r^2 (%)	GEBV	r^2 (%)	GEBV (kg)	r^2 (%)	GEBV (%)	r^2 (%)	GEBV (%)	r^2 (%)
	13316692	2427	1131	73	0.28	77	0.07	80	55	71	41	70	1.97	67	-2	69	0	68	-6	77
	(37416692*)																			
569	11116670	2426	367	77	0.27	81	0.03	83	36	76	19	75	1.52	73	9	74	6	74	8	81
570	12118411	2425	1164	78	0.00	82	-0.06	84	41	77	30	77	2.09	74	5	76	4	75	6	82
	13316092	2425	1548	74	0.02	78	-0.01	80	48	72	42	72	2.28	69	1	71	-1	71	1	79
	15520012	2425	893	69	0.21	74	0.12	77	46	68	36	67	1.82	64	0	65	2	64	-1	73
	31115197	2425	750	78	0.08	82	0.02	85	30	77	25	76	1.75	72	9	74	9	74	2	81
574	37319034	2424	1065	74	0.19	78	0.10	81	47	73	40	72	2.21	70	2	71	2	70	-3	78
575	37319055	2422	879	72	0.03	76	0.17	79	36	70	44	69	2.00	66	1	67	1	67	0	75
	41118851	2422	799	74	0.25	78	0.08	80	44	72	33	72	1.55	69	3	70	2	70	-3	78
577	14117525	2421	1255	78	0.16	81	0.01	84	50	76	37	76	2.48	73	2	74	2	74	1	81
	21218019	2421	1272	74	-0.02	78	0.09	81	39	73	46	72	2.23	70	1	71	3	70	-7	78
	37316015	2421	1287	75	-0.13	79	-0.07	82	31	74	28	73	1.63	70	8	71	5	71	4	79
	37318036	2421	1444	74	-0.27	78	-0.08	81	29	73	36	72	1.48	70	2	71	6	70	-4	78
	37321032	2421	772	73	0.27	77	0.03	79	52	71	31	71	2.16	68	4	69	4	68	-1	76
	61221123	2421	-28	74	0.63	78	0.31	81	49	73	30	73	2.08	70	3	71	5	70	-1	78
583	15518001	2420	1467	73	-0.15	77	-0.05	80	38	71	38	71	2.12	68	2	69	2	68	3	77
	37317025	2420	1724	78	-0.39	82	-0.20	84	31	77	32	76	2.33	74	8	74	5	74	7	81
585	13121227	2419	1049	72	0.17	76	0.01	79	50	70	33	70	1.88	67	2	68	0	68	1	76
	31120372	2419	270	72	0.36	76	0.14	79	45	70	26	70	1.85	67	6	68	3	68	4	76
587	11121537	2418	1234	72	0.18	76	0.09	79	48	70	40	70	2.52	67	0	67	-2	67	8	75
	65117344	2418	1401	72	-0.23	76	-0.02	79	32	71	38	70	1.72	67	3	69	4	68	-3	76

（续）

序号	牛号	GCPI	产奶量		乳脂率		乳蛋白率		乳脂量		乳蛋白量		体细胞评分		体型总分		泌乳系统评分		肢蹄评分	
			GEBV (kg)	r^2 (%)	GEBV (%)	r^2 (%)	GEBV (%)	r^2 (%)	GEBV (kg)	r^2 (%)	GEBV (kg)	r^2 (%)	GEBV	r^2 (%)	GEBV (kg)	r^2 (%)	GEBV (%)	r^2 (%)	GEBV (%)	r^2 (%)
589	11114668	2417	1013	76	-0.14	80	-0.01	83	22	75	28	74	1.98	71	9	72	6	72	11	80
	13316102	2417	1409	73	-0.17	78	0.03	80	37	72	43	71	2.45	68	4	70	1	69	2	78
	14118199	2417	916	77	0.30	81	0.07	83	51	76	34	76	2.08	73	3	74	1	74	0	81
	21216046	2417	470	80	-0.01	83	0.11	85	18	78	24	78	1.52	76	10	77	9	76	6	83
	65117351	2417	980	74	0.08	78	0.13	81	38	72	38	72	1.90	69	4	70	1	69	0	78
594	11115602	2416	829	86	0.29	89	0.07	91	46	84	30	84	2.73	82	7	84	4	84	6	90
	11118627	2416	1269	75	-0.25	79	0.05	81	27	73	40	73	2.07	70	4	70	5	70	-1	78
	37316028	2416	898	80	0.22	83	-0.07	85	48	78	23	78	1.93	76	7	77	4	76	5	83
	37320116	2416	857	71	0.36	75	0.15	78	56	69	38	68	2.14	65	-1	66	-2	66	-1	75
598	15519008	2414	1313	73	-0.03	77	-0.07	80	41	71	31	71	1.83	68	3	69	6	68	-3	76
	31115186	2414	1076	78	-0.10	82	0.02	84	26	77	34	76	1.83	73	6	75	4	74	6	82
	37315015	2414	1056	80	-0.04	83	0.00	86	41	79	34	79	2.46	76	4	77	5	77	3	83
601	11118621	2413	1270	73	-0.22	77	0.11	80	28	71	45	71	2.01	68	3	68	2	67	-1	76
	12116359	2413	1570	77	-0.30	81	-0.09	83	25	76	35	75	1.75	73	5	74	5	73	2	81
	12116381	2413	1538	76	-0.33	80	-0.01	82	22	74	39	74	1.83	71	5	72	5	72	1	80
604	11119679	2412	681	74	0.29	78	0.01	80	42	72	23	72	1.64	69	4	70	5	70	5	77
	21214051	2412	590	78	0.26	81	0.05	83	40	76	23	76	1.47	74	4	74	5	74	4	80
606	11114629	2411	842	83	0.13	86	0.00	88	40	82	25	81	2.15	79	8	80	6	80	5	86
	11118659	2411	851	72	0.21	76	0.09	79	42	70	35	70	1.90	67	2	68	4	67	-4	75
	11118666	2411	411	72	0.33	76	0.22	78	39	70	32	70	1.45	67	2	67	2	67	1	75
	31116147	2411	1443	78	-0.18	82	-0.05	84	32	77	38	76	1.97	74	4	75	7	74	-6	81
	31116439	2411	785	77	0.08	81	0.08	83	31	76	30	75	1.83	73	8	74	3	74	5	81

（续）

序号	牛号	GCPI	产奶量		乳脂率		乳蛋白率		乳脂量		乳蛋白量		体细胞评分		体型总分		泌乳系统评分		肢蹄评分	
			GEBV (kg)	r^2 (%)	GEBV (%)	r^2 (%)	GEBV (%)	r^2 (%)	GEBV (kg)	r^2 (%)	GEBV (kg)	r^2 (%)	GEBV	r^2 (%)	GEBV (kg)	r^2 (%)	GEBV (%)	r^2 (%)	GEBV (%)	r^2 (%)
	31120360	2411	550	72	0. 37	76	0. 14	79	52	70	33	70	2. 06	67	2	68	3	67	-4	76
612	11117666	2410	1125	75	0. 10	78	0. 11	81	41	73	41	73	2. 04	71	1	71	3	71	-6	78
613	15518006	2409	1563	72	-0. 19	77	-0. 05	79	32	71	40	70	2. 42	67	5	69	7	68	-3	76
	31117449	2409	699	77	0. 11	81	0. 15	83	32	75	37	75	1. 82	72	3	74	3	73	1	81
	37318029	2409	1407	74	-0. 01	78	-0. 03	80	42	72	39	72	1. 98	69	1	70	4	70	-5	77
616	12116371	2407	300	79	0. 34	82	0. 10	84	39	77	22	77	1. 50	74	5	75	4	75	6	82
	13316097	2407	2012	75	-0. 25	79	-0. 09	81	43	74	45	73	2. 75	70	0	71	2	71	-1	78
	15519002	2407	1085	72	0. 17	76	0. 06	79	48	70	35	70	1. 95	67	2	68	2	67	-4	76
	31118093	2407	1099	72	-0. 06	76	0. 01	79	33	70	33	69	2. 01	66	4	68	6	67	1	76
620	15517059	2406	820	74	0. 36	78	0. 03	81	55	73	28	72	1. 95	69	2	70	3	70	0	77
621	11120523	2405	1834	73	-0. 42	77	-0. 08	80	26	71	40	71	2. 57	68	6	70	5	69	4	77
	12118406	2405	824	77	0. 09	81	0. 01	83	36	76	26	75	2. 01	73	6	73	5	73	7	80
	15516049	2405	1886	83	-0. 40	87	-0. 05	89	29	82	45	82	2. 29	79	3	79	7	78	-8	85
	21217037	2405	467	72	0. 37	76	0. 19	79	42	71	33	70	2. 03	68	4	69	3	68	1	76
	65119366	2405	1573	72	-0. 06	77	-0. 03	79	46	71	43	70	2. 43	67	0	68	3	68	-7	76
626	15520016	2404	946	74	0. 09	78	-0. 05	80	43	72	28	72	1. 66	69	5	71	3	70	0	77
	37314050	2404	1355	76	-0. 18	80	-0. 01	83	29	75	34	74	2. 14	72	5	73	6	72	2	80
	37317005	2404	1788	76	-0. 42	80	-0. 18	82	28	75	37	75	2. 14	72	4	73	7	73	-1	80
629	11118657	2402	750	72	0. 29	76	0. 08	79	43	71	32	71	1. 99	68	3	69	5	68	-4	76
	61220107	2402	935	74	0. 12	78	0. 02	81	44	72	30	72	2. 11	69	4	70	3	70	3	78
631	11116680	2401	602	76	0. 14	80	0. 11	82	34	75	29	74	2. 06	71	6	73	2	73	10	80
	65117323	2401	746	77	0. 28	80	0. 11	83	46	75	32	75	2. 27	72	5	74	3	73	1	80

（续）

序号	牛号	GCPI	产奶量		乳脂率		乳蛋白率		乳脂量		乳蛋白量		体细胞评分		体型总分		泌乳系统评分		肢蹄评分	
			GEBV (kg)	r^2 (%)	GEBV (%)	r^2 (%)	GEBV (%)	r^2 (%)	GEBV (kg)	r^2 (%)	GEBV (kg)	r^2 (%)	GEBV	r^2 (%)	GEBV (kg)	r^2 (%)	GEBV (%)	r^2 (%)	GEBV (%)	r^2 (%)
633	11120521	2400	2023	72	-0. 38	77	-0. 10	79	32	71	41	70	2. 98	67	5	68	5	67	3	76
	21218007	2400	1037	76	0. 29	79	-0. 02	82	55	74	31	74	2. 25	71	3	72	1	72	2	79
635	15520021	2398	74	70	0. 52	74	0. 19	77	44	68	25	68	1. 66	65	3	66	4	65	2	74
	31118450	2398	1960	76	-0. 36	80	-0. 22	82	31	75	34	74	1. 63	71	3	72	6	71	-4	79
	13316695	2398	1223	72	0. 04	76	0. 07	79	44	70	43	70	1. 90	67	-2	68	0	68	-7	76
	(37416695*)																			
638	11117613	2397	1235	76	-0. 07	80	-0. 02	82	35	74	32	74	2. 27	71	6	72	6	71	-1	79
	15516053	2397	1124	76	0. 03	80	-0. 07	83	34	75	29	74	1. 91	71	6	74	7	74	-1	82
640	12117397	2396	1062	77	-0. 08	81	0. 04	83	29	76	32	75	2. 26	72	7	72	6	72	5	79
	31116150	2396	711	79	0. 17	82	0. 05	84	40	78	27	77	2. 28	75	6	76	5	76	6	82
	37320003	2396	1200	70	-0. 18	75	0. 03	78	26	69	37	68	2. 02	65	3	66	6	65	0	75
643	12117395	2395	897	78	0. 07	82	0. 07	84	37	77	35	76	2. 05	74	4	75	2	75	1	81
	15518003	2395	817	72	0. 42	76	0. 08	79	49	70	30	70	2. 21	66	2	67	3	67	2	76
	21218011	2395	983	76	-0. 03	80	0. 09	83	35	75	38	74	2. 64	72	6	73	6	72	-1	80
	37317008	2395	1442	76	-0. 11	80	-0. 01	83	35	75	37	74	2. 71	71	7	72	5	71	0	79
	37319013	2395	742	71	0. 12	75	0. 11	78	34	70	33	69	1. 88	66	4	67	5	67	-2	75
648	37318042	2394	1201	75	0. 18	79	-0. 01	82	54	74	32	73	2. 24	71	2	72	2	71	-2	79
649	11118652	2393	594	72	0. 24	76	0. 11	79	40	70	31	70	1. 83	67	4	68	4	68	-2	76
	11119687	2393	873	72	0. 21	76	0. 06	79	49	70	34	70	1. 99	67	0	68	2	68	-2	76
	13121259	2393	781	72	0. 11	76	0. 05	79	41	70	30	70	1. 83	67	4	68	5	68	-4	76
	21218017	2393	1190	74	-0. 10	78	0. 03	81	31	72	40	72	2. 14	69	3	70	5	70	-4	78
653	15521023	2392	785	71	0. 27	75	0. 11	78	50	69	33	69	1. 87	66	2	67	0	66	-3	75

（续）

序号	牛号	GCPI	产奶量		乳脂率		乳蛋白率		乳脂量		乳蛋白量		体细胞评分		体型总分		泌乳系统评分		肢蹄评分	
			GEBV (kg)	r^2 (%)	GEBV (%)	r^2 (%)	GEBV (%)	r^2 (%)	GEBV (kg)	r^2 (%)	GEBV (kg)	r^2 (%)	GEBV	r^2 (%)	GEBV (kg)	r^2 (%)	GEBV (%)	r^2 (%)	GEBV (%)	r^2 (%)
	21220009	2392	690	70	0. 19	75	0. 10	78	42	69	31	68	2. 03	65	4	66	3	65	1	74
	31115401	2392	719	80	0. 30	84	-0. 03	86	40	79	20	79	1. 10	75	5	76	4	75	0	82
	37317058	2392	975	76	-0. 17	80	-0. 02	83	21	75	29	74	2. 05	71	9	71	7	71	6	79
657	15514060	2391	1486	77	-0. 31	81	-0. 14	83	22	75	23	75	1. 77	71	8	73	12	73	1	81
	15520001	2391	1472	72	-0. 08	76	-0. 07	78	43	70	34	70	2. 23	67	3	68	0	67	4	75
	21214046	2391	461	80	-0. 05	83	0. 12	85	14	78	25	78	1. 50	76	9	77	8	76	7	83
	21220008	2391	437	73	0. 34	77	0. 16	80	43	71	29	71	1. 90	68	1	69	2	68	4	77
661	21217011	2390	1471	76	-0. 06	80	0. 00	82	37	74	37	74	1. 85	71	1	72	0	71	2	79
	31116146	2390	1240	75	-0. 10	79	0. 07	81	34	73	41	73	2. 10	70	2	71	2	70	-2	78
	31116443	2390	827	76	0. 19	80	0. 16	82	42	74	37	74	2. 52	71	4	72	3	72	0	79
	41118854	2390	783	73	0. 39	77	0. 07	80	53	72	29	71	2. 30	69	1	70	2	69	3	77
665	21216055	2389	1426	77	-0. 23	80	-0. 14	83	32	75	27	75	2. 41	72	7	73	7	72	6	80
	61220115	2389	1267	67	-0. 30	72	-0. 01	75	24	66	37	65	1. 87	62	3	63	5	62	1	71
667	37315017	2388	1144	77	-0. 20	81	0. 03	84	20	76	31	75	1. 91	72	6	74	5	73	7	81
	37316032	2388	1432	76	-0. 12	80	-0. 06	83	38	75	38	74	1. 83	72	0	72	1	72	-2	80
	41117810	2388	1227	78	0. 11	82	0. 00	84	50	77	36	77	2. 28	74	1	75	-1	75	1	82
670	11115650	2387	1395	87	-0. 34	90	-0. 11	92	20	86	31	86	1. 34	83	4	85	1	85	9	91
	15517066	2387	744	73	0. 09	77	0. 04	80	33	71	24	71	2. 18	68	7	69	7	68	7	76
	37318048	2387	880	72	0. 20	76	0. 11	79	42	70	33	70	2. 38	67	2	68	2	67	5	76
	37319019	2387	645	72	0. 27	76	0. 10	79	39	71	28	70	1. 63	67	2	68	5	68	-3	76
	41118837	2387	1076	77	-0. 08	80	0. 10	83	31	75	36	75	2. 16	72	3	73	3	73	4	80
675	11115637	2386	1673	78	-0. 37	82	-0. 12	84	25	77	35	77	1. 82	74	5	77	3	76	3	83

（续）

序号	牛号	GCPI	产奶量		乳脂率		乳蛋白率		乳脂量		乳蛋白量		体细胞评分		体型总分		泌乳系统评分		肢蹄评分	
			GEBV (kg)	r^2 (%)	GEBV (%)	r^2 (%)	GEBV (%)	r^2 (%)	GEBV (kg)	r^2 (%)	GEBV (kg)	r^2 (%)	GEBV	r^2 (%)	GEBV (kg)	r^2 (%)	GEBV (%)	r^2 (%)	GEBV (%)	r^2 (%)
	11120608	2386	944	74	0.11	78	0.05	80	41	73	32	72	2.23	70	5	70	3	70	0	77
	13119172	2386	721	72	0.21	76	0.16	79	44	71	37	70	2.25	67	1	68	2	67	0	76
	15516077	2386	825	78	-0.03	81	0.08	84	26	76	34	76	1.67	73	5	74	5	74	-2	81
	31118124	2386	618	73	0.39	76	0.11	79	44	71	27	71	1.72	68	2	69	2	69	2	76
680	11117661	2385	756	74	0.16	77	0.04	80	46	72	33	72	1.87	69	1	70	-1	69	3	77
	11121553	2385	569	72	0.19	76	0.10	79	40	71	28	70	1.88	67	5	69	4	68	0	76
	21218002	2385	997	73	-0.02	77	0.06	80	32	71	34	71	2.26	68	5	68	4	68	3	76
	37320021	2385	308	70	0.48	74	0.16	77	46	68	29	68	1.70	64	1	65	4	65	-4	74
684	11117662	2384	653	74	0.22	78	0.09	81	46	73	32	72	2.09	69	3	71	1	70	1	78
	11117682	2384	945	77	0.16	80	0.04	82	46	75	34	75	2.08	72	1	73	0	73	0	80
	11119516	2384	1076	71	-0.13	75	0.03	78	27	70	35	69	1.96	66	3	67	5	67	1	75
	11120618	2384	354	72	0.51	76	0.19	79	50	71	28	70	2.06	67	3	68	4	68	-3	75
	21217034	2384	1496	77	-0.18	80	-0.05	83	36	75	40	75	2.43	73	2	74	5	73	-4	80
689	15516055	2383	613	76	0.17	79	0.10	82	34	74	28	74	2.21	71	6	72	6	72	4	79
	21214055	2383	993	76	-0.01	80	0.04	82	28	75	33	74	1.27	72	2	73	1	72	2	80
	65120372	2383	691	73	0.35	77	0.15	80	47	72	37	71	2.49	68	0	70	2	69	-1	77
692	11117628	2382	1448	76	-0.25	79	-0.10	82	28	74	31	74	2.31	70	7	70	6	70	3	78
	13316101	2382	1220	75	0.18	79	0.05	81	48	73	36	73	2.56	70	1	72	-1	71	3	79
	31118121	2382	768	71	0.24	76	0.03	79	41	70	23	69	1.92	66	5	67	4	67	7	75
	37317041	2382	1043	72	-0.26	77	0.08	79	25	71	38	70	2.01	67	3	67	4	67	0	75
696	11122501	2380	1101	70	0.05	74	0.09	77	44	69	40	68	2.44	65	2	66	-1	66	-1	74
	13118340	2380	579	74	0.26	77	0.06	80	41	72	25	72	2.13	69	5	70	2	69	9	77

（续）

序号	牛号	GCPI	产奶量		乳脂率		乳蛋白率		乳脂量		乳蛋白量		体细胞评分		体型总分		泌乳系统评分		肢蹄评分	
			GEBV (kg)	r^2 (%)	GEBV (%)	r^2 (%)	GEBV (%)	r^2 (%)	GEBV (kg)	r^2 (%)	GEBV (kg)	r^2 (%)	GEBV	r^2 (%)	GEBV (kg)	r^2 (%)	GEBV (%)	r^2 (%)	GEBV (%)	r^2 (%)
	37320103	2380	951	68	0.08	73	0.03	76	42	66	35	66	1.55	62	-1	63	3	63	-8	72
	65117353	2380	619	77	0.16	81	0.03	83	32	76	23	75	1.96	73	9	73	7	73	3	80
700	15516010	2379	1264	78	-0.11	81	-0.03	84	33	76	31	76	2.29	73	5	74	5	74	3	81
701	31118463	2378	1017	74	0.08	78	0.07	81	41	73	35	72	2.05	69	3	70	0	70	0	78
	31119384	2378	579	72	0.48	76	0.07	78	52	70	24	69	2.06	66	4	67	4	66	0	75
703	21217029	2377	738	75	-0.04	79	0.05	82	22	74	24	73	1.58	70	7	71	6	71	7	79
	21218016	2377	1065	73	0.19	77	0.05	80	45	71	33	71	2.08	68	1	69	1	68	0	77
	31118117	2377	943	77	0.07	81	0.17	83	37	76	41	75	2.40	73	0	73	1	73	1	80
706	11116667	2376	1340	77	-0.34	81	-0.05	83	20	75	35	75	1.81	72	5	74	7	73	-1	80
707	11113661	2375	115	81	0.27	84	0.05	87	27	79	12	79	1.71	76	11	77	5	77	18	84
	11119681	2375	925	73	0.01	77	0.10	80	35	71	36	71	2.13	68	2	69	5	69	-4	76
709	15514116	2374	1661	81	-0.55	84	-0.12	86	17	79	32	79	1.94	77	7	78	7	77	3	84
	41118835	2374	331	76	0.25	80	0.15	82	33	74	25	74	1.34	71	4	72	4	72	-1	79
711	11116696	2373	1194	77	0.07	80	0.03	83	40	75	34	75	2.22	72	2	73	1	72	3	80
	31116159	2373	406	77	0.37	80	0.03	83	43	75	18	75	2.22	72	8	73	6	73	6	80
713	61220110	2372	1021	72	0.16	77	0.08	79	45	71	35	70	2.26	67	1	68	0	68	2	76
714	11117632	2370	1026	70	0.03	75	-0.01	78	33	68	28	68	1.29	65	3	66	3	65	-2	74
	11117687	2370	591	78	0.27	81	0.07	84	46	76	28	76	2.29	73	3	74	3	74	2	81
716	11117603	2369	1092	76	0.06	80	0.08	83	38	75	36	74	2.50	71	5	72	4	72	-2	79
	11117679	2369	745	77	0.33	81	0.08	83	48	75	31	75	2.08	72	1	73	0	73	0	80
	11119676	2369	1192	75	0.14	78	-0.01	81	43	73	30	73	2.24	70	2	71	3	71	1	78
	13316095	2369	1228	75	-0.01	79	0.04	82	41	74	36	74	2.23	71	1	72	0	71	1	79

（续）

序号	牛号	GCPI	产奶量		乳脂率		乳蛋白率		乳脂量		乳蛋白量		体细胞评分		体型总分		泌乳系统评分		肢蹄评分	
			GEBV（kg）	r^2（%）	GEBV（%）	r^2（%）	GEBV（%）	r^2（%）	GEBV（kg）	r^2（%）	GEBV（kg）	r^2（%）	GEBV	r^2（%）	GEBV（kg）	r^2（%）	GEBV（%）	r^2（%）	GEBV（%）	r^2（%）
	37317054	2369	863	78	-0.01	82	-0.01	84	32	77	28	76	2.00	73	6	74	5	73	2	81
	65118356	2369	295	75	0.52	79	0.14	81	43	74	22	73	1.80	71	4	72	3	71	4	79
722	15517043	2368	981	74	0.12	78	0.05	80	39	72	32	72	1.78	69	3	70	2	70	-3	78
723	31116437	2367	963	77	0.21	80	-0.03	83	45	75	29	75	1.73	72	1	73	2	73	-4	80
724	15617099	2366	1080	80	0.02	83	-0.05	85	45	78	28	78	2.60	75	4	77	4	76	3	83
725	12116377	2364	1139	77	-0.05	81	0.03	83	31	76	34	75	2.25	73	5	74	3	73	3	80
726	11117698	2363	741	73	0.38	77	-0.01	79	46	71	21	70	1.71	67	4	68	2	67	3	76
	14117922	2363	576	74	0.06	78	0.06	81	25	72	25	72	1.77	69	6	69	5	69	6	77
	31117448	2363	950	74	0.05	78	0.04	81	33	72	29	72	1.91	69	4	70	3	70	3	77
	37316036	2363	578	75	0.09	79	0.14	82	28	74	30	73	2.02	70	6	70	5	70	2	78
730	21214044	2362	863	77	0.15	80	0.06	83	37	75	28	75	2.17	73	5	73	2	73	6	80
	21216043	2362	1248	73	-0.25	77	-0.06	80	24	71	29	71	2.33	68	7	69	7	69	6	77
	21216057	2362	527	78	0.26	81	0.06	83	36	76	22	76	1.45	74	3	74	5	74	2	80
	31116415	2362	1014	80	-0.08	83	0.05	85	28	78	33	78	2.00	75	7	77	2	76	2	83
734	21214060	2361	454	78	0.25	81	0.07	83	34	76	21	76	1.48	74	4	74	5	74	4	80
	37313034	2361	588	76	0.16	80	0.12	82	32	74	28	74	2.01	71	5	72	3	72	5	80
	37317052	2361	842	78	0.14	81	-0.05	84	41	76	25	76	2.12	73	5	74	7	74	-3	81
737	11115608	2360	763	81	0.06	84	0.02	87	28	79	25	79	1.81	76	6	77	5	77	4	84
	11118639	2360	1155	71	-0.13	75	-0.03	78	31	69	31	68	2.16	65	4	67	6	66	-1	75
	14116212	2360	1026	77	-0.30	81	0.05	83	15	76	36	75	2.23	72	7	74	9	73	-2	80
	15517045	2360	1050	72	-0.11	76	-0.07	79	28	70	26	70	2.23	67	8	68	8	67	2	76
	41116814	2360	604	80	0.28	83	-0.02	85	45	79	21	78	2.14	76	6	76	4	76	3	82

（续）

序号	牛号	GCPI	产奶量		乳脂率		乳蛋白率		乳脂量		乳蛋白量		体细胞评分		体型总分		泌乳系统评分		肢蹄评分	
			GEBV (kg)	r^2 (%)	GEBV (%)	r^2 (%)	GEBV (%)	r^2 (%)	GEBV (kg)	r^2 (%)	GEBV (kg)	r^2 (%)	GEBV	r^2 (%)	GEBV (kg)	r^2 (%)	GEBV (%)	r^2 (%)	GEBV (%)	r^2 (%)
742	13119168	2359	587	71	0.37	75	0.09	78	46	69	28	69	2.69	66	5	67	3	66	3	75
	37319043	2359	379	74	0.21	78	0.16	80	32	72	31	72	1.82	69	2	70	4	70	1	77
744	11120605	2358	676	73	0.32	77	0.01	80	49	71	24	71	1.72	68	2	69	-1	69	3	77
	31116427	2358	1606	76	-0.09	80	-0.06	83	44	75	41	74	2.22	72	-2	72	-1	72	-4	80
746	15516074	2357	374	77	0.29	80	0.04	83	41	75	23	75	1.79	72	5	74	2	73	3	80
747	14117409	2356	391	76	0.23	80	0.03	83	30	75	17	74	1.49	72	8	73	5	73	6	80
	15517061	2356	843	74	0.17	78	-0.04	80	35	72	21	72	1.69	69	5	70	5	69	3	77
	61218106	2356	191	73	0.40	78	0.13	80	40	71	22	71	1.57	68	3	70	3	69	2	78
750	11118633	2355	630	74	-0.02	78	0.12	81	24	72	32	72	1.93	68	5	70	5	69	0	78
	14113054	2355	1017	77	-0.02	81	-0.14	84	28	76	15	76	1.76	73	8	74	9	74	8	81
752	11113663	2354	936	80	-0.19	84	-0.16	86	15	79	11	79	1.89	75	16	77	7	76	18	84
	12117400	2354	1018	72	-0.24	77	-0.07	80	19	71	25	70	1.68	67	7	68	9	68	0	76
	41118834	2354	575	72	0.24	77	0.07	80	35	71	27	70	1.51	67	3	68	5	67	-5	76
755	31119395	2353	1421	73	-0.07	77	-0.10	80	31	71	25	71	1.61	68	4	70	5	70	0	78
756	11118650	2352	1048	72	-0.23	76	0.05	79	24	70	34	70	2.26	67	4	68	6	68	1	76
	37317039	2352	1057	75	0.09	79	-0.04	81	34	73	28	72	2.00	69	4	70	7	69	-3	77
758	13214092	2351	1270	81	-0.23	84	-0.05	86	23	79	29	79	2.17	77	6	78	8	78	1	84
	13316713 (37416713*)	2351	775	71	0.15	75	0.13	78	34	69	34	69	2.24	66	3	67	4	67	-2	75
760	11116623	2349	1084	74	0.01	78	-0.02	81	38	72	29	71	2.20	68	2	69	3	68	3	77
	15517008	2349	700	79	0.17	83	0.02	85	41	78	25	78	1.97	76	3	77	2	77	4	83
762	11115610	2348	969	79	0.06	83	-0.10	85	30	77	21	77	1.81	74	7	75	7	74	2	81

（续）

序号	牛号	GCPI	产奶量		乳脂率		乳蛋白率		乳脂量		乳蛋白量		体细胞评分		体型总分		泌乳系统评分		肢蹄评分	
			GEBV（kg）	r^2（%）	GEBV（%）	r^2（%）	GEBV（%）	r^2（%）	GEBV（kg）	r^2（%）	GEBV（kg）	r^2（%）	GEBV	r^2（%）	GEBV（kg）	r^2（%）	GEBV（%）	r^2（%）	GEBV（%）	r^2（%）
	11118612	2348	563	77	-0.03	81	0.09	83	20	76	27	75	1.77	72	7	72	7	71	1	79
	31116413	2348	1456	78	-0.22	82	-0.19	84	25	76	24	76	1.13	73	5	75	4	75	-1	82
765	61220109	2347	835	74	0.13	78	0.08	80	42	73	31	73	2.30	70	3	71	2	71	0	77
766	11116621	2346	1027	74	0.11	78	-0.10	81	41	73	22	72	1.94	69	4	70	3	69	5	78
	31115184	2346	625	77	0.16	80	-0.01	82	34	76	18	76	1.70	73	6	74	5	73	5	80
	37317001	2346	980	78	0.23	82	0.05	84	48	77	34	76	2.04	73	-2	74	-1	74	-2	81
	37317045	2346	878	74	0.01	78	-0.01	80	30	73	26	72	1.89	69	5	70	4	70	4	77
	13316701（37416701*）	2346	932	75	0.02	79	0.07	81	31	73	32	73	2.15	70	4	71	5	71	-1	78
771	21217009	2344	1246	77	-0.10	81	-0.06	83	34	76	30	75	2.11	72	3	72	3	71	2	79
772	13120401	2340	1388	72	-0.10	76	-0.11	79	36	71	33	70	1.93	67	0	68	0	68	3	76
	37319037	2340	685	72	0.19	76	0.18	79	41	70	38	70	1.96	66	-1	67	-2	67	-2	75
774	11114609	2339	376	80	0.22	84	0.17	86	31	79	29	78	1.74	75	2	77	1	77	4	84
775	11117690	2338	604	76	0.26	79	0.13	82	41	74	33	74	2.35	71	1	71	2	71	-1	78
	41115860	2338	1062	77	-0.12	81	-0.02	84	25	76	26	75	1.86	72	6	72	6	72	1	80
	65117345	2338	1239	74	-0.11	78	-0.14	81	33	72	28	71	1.71	68	3	70	3	69	-1	77
778	11121558	2337	379	72	0.34	76	0.13	79	42	70	25	70	1.71	67	3	68	0	68	1	76
	21214039	2337	837	77	-0.01	81	-0.04	84	23	76	20	76	1.62	73	8	75	6	74	5	81
780	11117615	2336	721	77	0.02	80	-0.01	83	28	75	22	75	2.22	72	7	72	7	71	6	79
	12118403	2336	912	76	0.10	79	0.03	82	36	74	29	74	1.89	71	4	72	1	71	2	79
	14115116	2336	760	75	0.13	78	0.07	81	37	73	29	73	2.23	70	3	71	4	70	0	78
	37318050	2336	935	74	0.01	78	0.15	81	34	73	39	72	2.12	69	0	70	1	70	-6	78

（续）

序号	牛号	GCPI	产奶量 GEBV (kg)	产奶量 r^2 (%)	乳脂率 GEBV (%)	乳脂率 r^2 (%)	乳蛋白率 GEBV (%)	乳蛋白率 r^2 (%)	乳脂量 GEBV (kg)	乳脂量 r^2 (%)	乳蛋白量 GEBV (kg)	乳蛋白量 r^2 (%)	体细胞评分 GEBV	体细胞评分 r^2 (%)	体型总分 GEBV (kg)	体型总分 r^2 (%)	泌乳系统评分 GEBV (%)	泌乳系统评分 r^2 (%)	肢蹄评分 GEBV (%)	肢蹄评分 r^2 (%)
784	11114620	2335	556	77	-0.02	81	0.06	83	18	75	23	75	1.98	72	7	73	8	73	7	80
785	15519012	2334	736	72	0.15	76	0.04	79	36	70	25	70	1.67	67	2	68	3	68	1	76
	21214030	2334	199	79	0.19	82	0.12	84	23	77	20	77	1.43	74	5	75	5	74	7	82
	31119386	2334	725	72	0.43	76	-0.02	79	52	70	20	70	2.21	66	3	67	4	66	0	75
	37315014	2334	1033	78	-0.07	82	-0.04	84	34	77	29	77	1.94	74	2	74	1	74	3	81
789	15517012	2333	744	80	-0.13	83	-0.01	85	27	79	27	79	2.26	76	7	78	7	77	2	84
	37320072	2333	111	71	0.36	75	0.24	78	35	69	28	68	1.76	65	2	66	2	66	1	74
	61220120	2333	1243	69	-0.26	74	-0.05	77	28	68	36	67	2.22	64	2	65	3	64	0	73
792	31116428	2332	1098	74	-0.06	78	-0.02	81	33	73	32	72	2.13	69	2	70	5	69	-4	77
793	37314036	2331	1346	77	-0.30	80	-0.29	83	23	75	15	75	1.97	72	10	73	10	72	7	80
	61214031	2331	794	80	0.09	84	-0.03	86	33	79	22	79	2.22	76	5	77	5	77	6	84
	61220119	2331	1214	73	-0.21	77	-0.02	80	28	72	36	71	2.03	69	1	69	4	69	-4	76
796	21214041	2330	906	79	0.12	82	0.00	84	40	77	28	77	1.89	75	1	75	2	75	-1	82
	31118120	2330	525	70	0.27	74	0.06	76	35	68	22	68	1.64	65	3	66	1	65	5	73
	13316685	2330	1591	74	-0.22	78	-0.10	80	35	72	37	72	2.32	69	0	70	1	70	0	77
	(37416685*)																			
799	15516076	2329	1200	76	0.06	79	-0.03	82	40	74	30	74	2.35	71	2	72	3	71	1	79
	21214042	2329	1289	78	-0.08	82	-0.09	84	33	77	26	76	1.40	74	3	75	0	74	1	82
801	11118601	2327	1167	73	0.03	77	-0.07	80	42	71	29	71	1.97	67	1	68	0	67	0	75
802	12118405	2326	1203	74	0.16	78	-0.01	80	44	72	30	72	2.29	69	1	70	1	70	-1	77
	14117923	2326	591	77	0.29	81	0.07	83	43	76	26	76	2.09	73	2	74	2	74	-1	80
	21213005	2326	1162	79	-0.15	83	-0.13	85	34	78	24	77	2.18	75	5	76	4	75	4	82

（续）

序号	牛号	GCPI	产奶量		乳脂率		乳蛋白率		乳脂量		乳蛋白量		体细胞评分		体型总分		泌乳系统评分		肢蹄评分	
			GEBV（kg）	r^2（%）	GEBV（%）	r^2（%）	GEBV（%）	r^2（%）	GEBV（kg）	r^2（%）	GEBV（kg）	r^2（%）	GEBV	r^2（%）	GEBV（kg）	r^2（%）	GEBV（%）	r^2（%）	GEBV（%）	r^2（%）
805	15517038	2325	407	75	0. 27	79	0. 15	82	36	73	27	73	1. 98	70	3	71	4	70	-3	78
806	11118661	2324	629	73	0. 11	77	0. 00	80	35	72	25	71	1. 92	68	3	69	4	69	0	77
	13118338	2324	600	74	0. 24	78	0. 04	81	39	72	23	72	1. 84	69	2	70	0	69	7	77
	37315006	2324	826	80	0. 03	83	-0. 06	85	37	78	24	78	2. 06	75	3	77	4	76	1	83
809	11117802	2323	351	75	0. 10	79	-0. 10	82	30	74	11	73	1. 17	70	6	72	6	71	4	79
	14117607	2323	595	77	0. 34	81	0. 09	83	46	76	29	75	1. 79	73	-1	74	-2	74	0	81
	15517060	2323	512	72	0. 34	76	0. 02	79	38	70	19	70	1. 73	67	4	68	3	67	3	76
	41118833	2323	584	72	0. 37	76	0. 10	79	42	70	24	70	1. 81	66	1	68	1	67	2	76
813	14117012	2321	785	77	-0. 15	80	-0. 03	83	19	75	21	75	1. 58	72	7	73	7	73	2	80
814	13316099	2320	1422	76	-0. 15	79	-0. 01	82	36	74	38	74	2. 47	71	0	72	0	71	-1	79
	14115072	2320	850	76	-0. 07	80	0. 02	82	26	74	28	74	1. 75	70	3	73	4	72	-1	80
	21218005	2320	1453	74	-0. 23	77	-0. 09	.80	37	72	37	72	2. 31	69	1	70	-1	69	-2	77
	41115867	2320	479	74	-0. 04	78	0. 11	81	14	73	26	72	1. 42	69	6	72	4	72	3	80
818	14117921	2319	789	77	0. 04	80	0. 03	83	33	75	28	75	2. 22	72	4	73	3	73	1	80
	37316034	2319	731	74	-0. 08	78	0. 04	80	22	72	28	72	2. 16	69	7	69	4	69	3	77
820	15516047	2318	664	79	0. 00	83	0. 03	85	27	78	24	77	2. 44	75	8	76	6	76	3	83
	41118852	2318	264	76	0. 35	80	0. 18	82	31	74	23	74	1. 54	71	4	72	4	72	-2	80
822	12118407	2317	1208	78	0. 00	81	-0. 07	83	39	76	29	76	2. 07	73	1	74	1	74	1	81
	61218105	2317	-106	73	0. 53	77	0. 21	80	41	71	20	71	1. 76	67	3	69	3	68	-1	77
824	11113659	2316	487	80	-0. 27	84	-0. 16	86	2	79	2	78	1. 98	75	19	75	13	75	21	83
	11117801	2316	643	73	0. 27	77	0. 05	80	38	71	22	71	1. 52	68	2	69	0	68	3	76
	14117919	2316	787	73	0. 24	77	-0. 01	79	40	71	24	71	1. 97	68	4	69	3	68	-2	76

（续）

序号	牛号	GCPI	产奶量 GEBV (kg)	产奶量 r^2 (%)	乳脂率 GEBV (%)	乳脂率 r^2 (%)	乳蛋白率 GEBV (%)	乳蛋白率 r^2 (%)	乳脂量 GEBV (kg)	乳脂量 r^2 (%)	乳蛋白量 GEBV (kg)	乳蛋白量 r^2 (%)	体细胞评分 GEBV	体细胞评分 r^2 (%)	体型总分 GEBV (kg)	体型总分 r^2 (%)	泌乳系统评分 GEBV (%)	泌乳系统评分 r^2 (%)	肢蹄评分 GEBV (%)	肢蹄评分 r^2 (%)
	21216011	2316	138	79	0.29	82	0.06	84	32	78	15	77	1.93	75	8	76	8	76	2	82
828	15521018	2315	620	71	0.12	75	0.04	78	37	70	24	69	1.69	67	3	68	0	67	3	75
	37316012	2315	1156	80	0.04	83	-0.01	85	41	78	31	78	2.16	75	1	77	1	76	-3	83
	37319022	2315	652	75	0.01	79	0.09	82	26	74	27	73	1.93	70	4	72	4	71	2	79
831	21214023	2314	751	78	-0.03	81	-0.05	84	26	76	20	76	1.45	73	6	74	4	74	3	81
832	11115622	2313	1116	89	-0.38	91	0.07	93	10	87	37	87	2.31	85	5	88	5	88	3	93
	61216065	2313	12	79	0.30	82	0.20	85	24	77	23	77	1.56	74	3	75	5	75	3	82
834	11118638	2312	867	71	-0.08	76	0.02	79	27	70	29	69	1.92	66	2	67	4	67	0	75
	21215001	2312	953	78	-0.15	81	0.04	84	20	76	30	76	2.02	73	4	75	3	74	4	82
	21216007	2312	1026	75	-0.07	79	0.03	82	26	74	30	73	2.56	70	5	70	4	69	6	78
	31116419	2312	907	77	-0.05	81	-0.02	84	27	76	26	75	1.81	72	5	74	3	74	1	81
838	11120516	2311	1489	72	0.05	76	0.02	79	40	71	36	70	2.48	68	0	68	0	68	-2	75
839	11117605	2310	863	77	-0.10	81	-0.03	83	28	76	25	75	2.68	72	7	73	8	73	3	80
	11121562	2310	1224	71	-0.24	75	-0.03	78	19	69	27	69	2.46	66	9	67	8	66	2	75
841	11119675	2309	345	74	0.28	78	0.15	81	35	73	26	72	1.67	69	1	70	1	70	0	78
	15516064	2309	706	75	-0.08	79	0.07	82	20	74	29	73	1.64	70	2	72	3	71	2	79
	15519027	2309	703	72	0.20	76	0.02	79	38	71	25	70	1.95	67	3	68	2	68	-1	76
	21214066	2309	885	79	-0.02	82	0.04	84	30	78	31	77	2.35	75	4	76	3	75	1	82
	37317056	2309	462	74	0.16	78	0.07	81	29	73	23	72	1.90	69	6	71	5	70	0	78
846	11120635	2308	164	70	0.48	75	0.18	78	44	69	24	68	2.01	65	1	66	2	66	-1	74
	41117821	2308	965	76	-0.10	79	-0.03	82	27	74	30	74	1.89	71	2	72	4	72	-3	79
848	15514084	2307	1340	79	-0.31	82	-0.21	85	18	77	16	77	2.15	74	9	75	13	75	4	82

（续）

序号	牛号	GCPI	产奶量		乳脂率		乳蛋白率		乳脂量		乳蛋白量		体细胞评分		体型总分		泌乳系统评分		肢蹄评分	
			GEBV (kg)	r^2 (%)	GEBV (%)	r^2 (%)	GEBV (%)	r^2 (%)	GEBV (kg)	r^2 (%)	GEBV (kg)	r^2 (%)	GEBV	r^2 (%)	GEBV (kg)	r^2 (%)	GEBV (%)	r^2 (%)	GEBV (%)	r^2 (%)
	15516045	2307	470	80	0.13	83	-0.09	85	33	78	12	78	1.50	76	7	77	5	77	5	83
	21218009	2307	452	74	0.36	78	0.07	81	44	73	24	72	2.09	70	3	71	0	70	2	78
851	14113052	2305	542	78	0.14	82	-0.12	84	27	77	6	76	1.53	74	8	75	11	75	5	82
	21214048	2305	833	79	0.04	82	0.06	84	35	78	32	77	2.36	75	2	76	2	75	-1	82
	31116424	2305	794	77	-0.07	81	0.01	83	22	76	27	75	1.65	72	4	72	5	72	-3	80
	37316016	2305	731	78	-0.14	81	-0.03	84	18	76	22	76	1.62	73	7	75	4	74	6	81
	37317038	2305	715	73	0.11	77	0.09	80	33	71	30	71	1.62	68	0	69	0	69	-2	77
	41117811	2305	576	77	0.09	81	0.04	83	29	76	26	75	2.04	72	4	73	6	73	-3	80
857	11115631	2304	558	76	0.09	80	0.00	83	27	75	20	74	1.47	72	5	73	3	72	3	80
	37315009	2304	981	79	-0.04	82	-0.07	85	27	77	26	77	1.93	73	3	75	3	74	2	81
	37317004	2304	620	78	0.13	82	0.03	84	32	77	24	77	2.34	74	5	75	4	74	4	81
	37319029	2304	1252	71	-0.05	76	-0.05	78	36	70	31	69	2.23	66	1	67	1	67	0	75
861	11121564	2303	548	72	0.31	76	0.09	79	36	71	23	70	2.10	67	3	69	3	68	4	76
	12117387	2303	980	76	0.00	79	-0.02	82	35	74	29	73	2.11	70	2	71	0	71	1	79
	21214054	2303	654	76	-0.10	80	-0.03	82	15	74	22	74	1.61	71	6	72	4	72	8	79
	31119381	2303	202	74	0.43	78	0.13	81	38	73	21	72	1.73	70	3	70	3	70	-1	78
	37315008	2303	343	78	0.19	81	0.11	84	27	76	24	76	1.58	73	4	75	3	74	0	81
	37319021	2303	842	71	0.21	75	0.11	78	39	70	31	69	1.99	66	-2	67	1	67	-2	75
	65117350	2303	831	72	0.03	76	0.02	79	31	71	27	70	1.60	67	2	69	2	68	-3	76
868	31116154	2301	1420	78	-0.13	81	-0.07	83	36	76	33	76	2.02	74	1	75	-1	74	-1	81
	13316714	2301	977	72	-0.03	76	0.06	79	31	70	33	70	1.98	67	0	68	1	68	-2	76
	(37416714*)																			

（续）

序号	牛号	GCPI	产奶量		乳脂率		乳蛋白率		乳脂量		乳蛋白量		体细胞评分		体型总分		泌乳系统评分		肢蹄评分	
			GEBV (kg)	r^2 (%)	GEBV (%)	r^2 (%)	GEBV (%)	r^2 (%)	GEBV (kg)	r^2 (%)	GEBV (kg)	r^2 (%)	GEBV	r^2 (%)	GEBV (kg)	r^2 (%)	GEBV (%)	r^2 (%)	GEBV (%)	r^2 (%)
870	15514035	2300	962	78	-0.02	82	-0.10	84	28	77	19	76	1.55	74	5	75	7	74	-4	82
	21216048	2300	1366	77	-0.10	81	-0.10	83	35	75	30	75	2.39	72	2	72	4	72	-2	80
872	21216006	2299	174	77	0.05	81	0.04	83	13	76	15	75	1.66	72	10	74	8	73	8	81
	31120374	2299	198	70	0.29	75	0.13	78	41	69	25	68	1.90	65	2	66	3	66	-4	74
874	15516011	2297	1257	77	-0.12	81	-0.13	83	32	76	23	75	2.09	72	5	74	5	73	-2	81
875	13316093	2296	724	73	-0.08	77	0.06	80	23	72	27	71	2.06	68	4	70	3	69	4	77
	21214053	2296	1078	75	0.00	79	0.03	82	31	74	33	73	2.05	70	1	70	0	70	-1	78
877	31115200	2295	1410	80	-0.23	83	-0.12	86	25	78	28	78	1.86	74	3	76	4	75	-1	83
878	53213153	2294	443	77	0.34	81	0.06	83	37	76	21	75	1.88	73	3	74	1	73	5	81
	(37313038*)																			
879	11119673	2293	1099	72	0.08	76	-0.03	79	38	70	27	70	2.18	67	1	68	4	68	-4	76
	37316038	2293	1273	77	0.04	81	-0.02	83	42	76	36	76	1.74	73	-4	74	-3	73	-7	81
881	11115629	2292	614	75	0.21	79	0.08	82	34	74	26	74	2.02	71	2	72	3	71	-1	79
	11121503	2292	345	72	0.14	76	0.08	79	27	71	25	70	1.96	67	4	68	2	68	4	76
	15514145	2292	1082	77	0.03	81	0.09	83	26	75	33	75	1.77	72	-1	73	-1	73	1	80
	15519003	2292	859	71	0.03	75	-0.04	78	30	70	22	69	1.48	66	3	68	5	67	-4	75
	31119394	2292	375	74	0.19	78	0.22	80	32	72	33	72	1.92	69	0	69	2	69	-5	77
886	15514114	2291	1485	79	-0.42	82	-0.20	85	19	78	25	77	2.06	75	6	76	7	76	0	82
	21215010	2291	1345	72	-0.34	77	0.02	80	17	71	38	70	2.16	67	3	68	3	68	-3	76
	31116152	2291	113	80	0.57	83	0.11	85	49	78	18	78	2.11	76	2	77	2	76	1	83
	13316691	2291	628	75	0.21	79	0.10	82	36	73	30	73	2.36	70	3	72	3	71	-4	79
	(37416691*)																			

（续）

序号	牛号	GCPI	产奶量		乳脂率		乳蛋白率		乳脂量		乳蛋白量		体细胞评分		体型总分		泌乳系统评分		肢蹄评分	
			GEBV (kg)	r^2 (%)	GEBV (%)	r^2 (%)	GEBV (%)	r^2 (%)	GEBV (kg)	r^2 (%)	GEBV (kg)	r^2 (%)	GEBV	r^2 (%)	GEBV (kg)	r^2 (%)	GEBV (%)	r^2 (%)	GEBV (%)	r^2 (%)
890	21216005	2290	252	76	0.17	80	0.08	82	22	74	18	74	1.58	71	7	72	6	72	2	79
891	31116431	2289	1540	76	-0.22	80	-0.15	82	35	74	34	74	2.47	71	1	72	1	72	-1	79
	37315025	2289	1171	76	-0.28	79	-0.07	82	15	74	26	74	2.15	71	7	72	6	71	4	79
893	11114671	2288	119	80	0.15	84	0.04	86	20	79	9	78	1.76	75	11	77	10	76	6	84
	13316717	2288	725	73	0.24	77	0.05	79	36	71	25	71	1.65	68	0	69	3	69	-7	77
	(37416717*)																			
895	11117689	2287	1074	76	-0.04	79	0.09	82	35	74	38	74	2.59	71	-2	71	0	71	-2	78
	31115181	2287	1488	76	-0.21	80	-0.11	83	32	74	31	74	2.23	70	2	72	1	71	-1	80
897	11121567	2286	1080	70	-0.10	74	0.05	77	27	68	35	68	2.54	65	2	66	3	66	-1	74
	15514066	2286	581	76	-0.05	80	-0.09	83	18	75	9	74	1.60	72	8	73	11	72	6	80
899	11119691	2284	351	73	0.02	77	0.09	80	21	71	19	71	2.03	68	6	68	6	67	6	76
900	11116666	2283	1100	77	-0.25	80	-0.06	83	19	75	29	75	1.71	72	4	73	6	72	-5	80
	11117685	2283	448	77	0.27	80	0.06	83	40	75	24	75	1.67	72	-1	73	1	73	-3	80
	31119466	2283	863	75	0.15	79	0.05	81	31	73	23	73	1.58	70	4	72	3	72	-4	79
903	15516004	2282	731	78	0.09	81	-0.04	84	33	76	20	76	2.23	73	5	74	5	74	2	81
904	11115636	2280	1084	76	-0.32	80	-0.04	82	12	74	30	74	1.63	71	3	73	2	72	3	80
	11120518	2280	1040	72	0.03	76	-0.03	79	33	70	26	70	2.11	67	1	68	4	67	-2	76
	12116373	2280	739	75	0.02	78	0.13	81	21	73	30	73	1.55	70	1	71	0	71	0	78
	15514049	2280	605	78	-0.09	82	-0.08	84	15	76	9	76	1.42	73	8	78	13	78	0	85
908	15514067	2278	905	80	0.12	83	0.02	85	35	79	26	78	2.05	76	1	77	2	76	-1	83
	31118086	2278	385	71	0.23	75	0.08	78	30	70	21	69	1.90	66	4	67	2	67	3	75
910	37314044	2277	112	77	0.14	81	0.14	83	16	76	19	76	1.73	73	4	74	7	73	6	80

（续）

序号	牛号	GCPI	产奶量		乳脂率		乳蛋白率		乳脂量		乳蛋白量		体细胞评分		体型总分		泌乳系统评分		肢蹄评分	
			GEBV (kg)	r^2 (%)	GEBV (%)	r^2 (%)	GEBV (%)	r^2 (%)	GEBV (kg)	r^2 (%)	GEBV (kg)	r^2 (%)	GEBV	r^2 (%)	GEBV (kg)	r^2 (%)	GEBV (%)	r^2 (%)	GEBV (%)	r^2 (%)
911	15516054	2276	368	80	0.12	83	0.02	85	31	79	18	78	1.68	76	5	77	2	76	3	83
912	11116685	2273	975	76	-0.04	80	-0.12	83	27	75	21	74	2.52	71	6	72	5	71	6	79
	15514071	2273	1738	79	-0.61	83	-0.19	85	12	78	29	78	2.07	75	5	77	5	76	1	82
914	14117401	2272	556	78	-0.01	81	0.06	84	25	76	24	76	2.32	73	6	74	3	74	4	81
	15517006	2272	454	79	0.10	83	0.04	85	33	78	24	78	2.09	75	3	76	2	76	2	83
916	21214029	2271	951	78	-0.22	81	-0.14	84	20	76	17	76	1.94	73	7	74	6	73	6	81
	37314042	2271	839	74	-0.11	78	-0.04	81	23	73	24	72	2.07	69	3	71	3	71	6	79
	13316698	2271	773	70	0.16	75	0.05	78	36	69	29	68	1.61	65	-3	66	1	66	-7	74
	(37416698*)																			
919	21213008	2269	588	78	0.26	82	0.09	84	39	77	29	76	2.05	74	0	75	2	74	-8	81
	37314054	2269	-15	78	0.28	82	0.02	84	29	77	9	77	1.38	74	6	75	7	75	2	81
921	13316098	2268	1197	74	0.00	78	0.00	81	38	73	34	72	2.61	69	0	71	-3	70	2	78
	15520003	2268	489	69	0.20	73	0.01	76	34	67	19	66	1.87	63	3	64	2	64	2	73
923	11114613	2266	566	80	0.00	84	0.05	86	20	78	23	78	1.86	75	3	76	3	76	6	83
924	15517062	2265	410	73	0.19	77	0.17	80	27	71	26	71	2.04	68	3	69	-1	68	4	77
	31115407	2265	1082	79	-0.07	83	0.05	85	31	78	36	78	2.33	75	-1	76	-1	76	-2	83
926	21213006	2264	597	78	0.25	81	0.09	84	39	77	29	76	2.05	74	0	75	2	74	-8	81
927	31119467	2263	806	71	0.09	76	0.02	79	26	70	21	69	1.38	66	2	69	1	69	2	77
	37315035	2263	-239	74	0.47	78	0.20	81	33	72	20	72	1.62	68	1	70	1	69	0	78
929	21217006	2262	1028	77	-0.13	81	-0.07	84	27	76	25	75	2.45	72	3	72	4	71	3	79
	61220116	2262	1415	71	-0.35	75	-0.08	78	26	69	36	69	2.38	66	1	66	1	66	-3	74
931	15514131	2260	956	76	-0.09	80	-0.19	83	22	75	11	75	1.82	72	6	73	9	72	5	80

（续）

序号	牛号	GCPI	产奶量		乳脂率		乳蛋白率		乳脂量		乳蛋白量		体细胞评分		体型总分		泌乳系统评分		肢蹄评分	
			GEBV (kg)	r^2 (%)	GEBV (%)	r^2 (%)	GEBV (%)	r^2 (%)	GEBV (kg)	r^2 (%)	GEBV (kg)	r^2 (%)	GEBV	r^2 (%)	GEBV (kg)	r^2 (%)	GEBV (%)	r^2 (%)	GEBV (%)	r^2 (%)
932	11115612	2259	740	78	-0.01	82	0.03	84	23	77	23	76	2.03	74	6	75	4	74	0	82
933	15514146	2258	1554	77	-0.38	81	-0.07	83	16	76	34	75	2.01	73	1	74	0	73	3	81
	21216010	2258	881	75	-0.30	79	0.09	81	10	73	32	73	2.03	69	4	71	4	70	-2	78
	61216084	2258	1112	76	-0.14	80	-0.10	82	27	74	24	74	1.93	71	2	73	3	72	0	80
	61218098	2258	830	73	-0.31	76	-0.09	79	12	71	19	71	1.96	68	8	69	6	69	5	76
937	11114619	2257	1109	77	-0.11	80	-0.11	83	26	75	21	75	1.76	72	2	73	2	72	3	80
	14114058	2257	963	82	-0.01	85	-0.08	87	35	80	21	80	2.35	78	1	79	3	78	3	84
	37315036	2257	293	72	0.27	76	0.18	79	31	71	28	70	1.92	68	1	70	0	69	-1	77
	65119370	2257	315	72	0.38	76	-0.01	79	37	70	11	69	1.93	66	4	67	5	67	3	75
	13316703	2257	448	75	0.08	79	0.07	81	23	73	22	73	2.18	70	5	71	5	71	3	78
	(37416703*)																			
942	21216008	2256	-57	79	0.39	82	0.04	84	32	77	8	77	1.72	74	7	75	7	75	2	82
943	31116161	2255	592	76	0.14	80	0.00	82	32	75	20	75	1.91	72	4	73	0	73	4	80
944	11115630	2254	1045	76	-0.10	80	-0.03	82	29	74	26	74	2.06	71	2	72	1	72	-1	80
	12116368	2254	340	79	0.07	82	0.07	84	24	77	20	77	2.01	75	6	75	3	75	3	81
	14115830	2254	883	75	-0.10	79	-0.05	82	24	74	24	73	2.22	70	3	71	1	71	7	79
947	21213011	2253	514	79	0.10	83	0.17	85	29	78	32	78	2.55	75	2	76	1	76	0	82
948	15518002	2252	1056	74	-0.14	78	-0.02	81	24	72	32	72	2.36	69	1	70	3	70	-3	78
949	15515214	2251	838	75	0.15	79	0.04	82	38	74	27	73	2.14	71	-1	72	1	71	-5	79
	53214174	2251	358	78	0.13	82	0.16	84	23	77	27	76	2.13	73	2	74	4	74	-1	81
	(37314056*)																			
951	37114985	2249	665	74	0.11	78	-0.03	81	26	72	17	72	2.07	69	6	70	5	69	2	77

（续）

序号	牛号	GCPI	产奶量		乳脂率		乳蛋白率		乳脂量		乳蛋白量		体细胞评分		体型总分		泌乳系统评分		肢蹄评分	
			GEBV (kg)	r^2 (%)	GEBV (%)	r^2 (%)	GEBV (%)	r^2 (%)	GEBV (kg)	r^2 (%)	GEBV (kg)	r^2 (%)	GEBV	r^2 (%)	GEBV (kg)	r^2 (%)	GEBV (%)	r^2 (%)	GEBV (%)	r^2 (%)
952	21213010	2248	504	79	0.10	83	0.17	85	29	78	31	78	2.55	75	2	76	1	76	0	82
	31116178	2248	365	78	-0.02	81	0.08	83	17	76	26	76	1.88	73	3	74	6	74	-4	81
	37315011	2248	924	75	-0.22	79	-0.18	81	19	73	14	73	1.95	70	8	70	6	70	7	78
955	21217024	2247	648	74	0.12	78	0.01	80	30	72	20	72	2.38	69	4	69	5	69	1	77
956	14116323	2245	702	78	-0.03	82	0.02	84	22	77	22	77	2.10	74	3	75	2	75	6	81
	15516022	2245	1217	80	-0.24	83	-0.06	85	18	79	26	78	2.02	76	3	77	5	77	-3	83
	15516041	2245	1157	75	-0.15	79	-0.13	82	25	74	24	73	1.66	70	2	71	3	71	-5	79
	15516062	2245	719	77	0.08	81	-0.12	83	32	75	14	75	1.44	72	2	74	1	73	4	81
	21214016	2245	54	77	-0.09	81	0.15	83	6	76	21	76	1.94	73	6	74	6	73	6	81
	21216037	2245	466	78	0.27	82	0.10	84	36	77	26	76	2.07	74	1	75	1	74	-5	81
	31115201	2245	1310	82	-0.47	86	-0.16	88	11	81	23	80	1.84	77	6	77	5	76	2	84
	31119399	2245	395	74	0.10	78	0.10	80	20	73	21	72	1.45	70	2	70	0	69	6	77
964	11113565	2244	400	79	0.24	83	0.02	85	32	77	17	77	2.39	74	3	75	1	74	13	82
	15514106	2244	1145	80	-0.36	83	-0.17	85	13	78	18	78	1.75	76	4	77	6	76	4	83
	21216009	2244	155	73	0.15	77	0.16	80	17	72	21	71	1.67	68	5	69	4	69	1	77
967	11121563	2243	1251	69	-0.21	73	-0.07	76	24	67	26	67	2.38	64	4	64	3	64	1	73
	12116376	2243	786	78	-0.16	82	-0.01	84	15	77	21	76	1.44	73	3	75	3	74	1	81
	61214033	2243	396	79	-0.02	82	0.06	85	17	78	21	77	1.65	75	4	76	3	75	2	82
	13316707	2243	1058	74	-0.08	78	-0.05	81	27	72	26	72	2.20	69	2	70	3	70	-3	78
	(37416707*)																			
971	37316003	2242	1229	76	-0.26	79	-0.12	82	20	74	24	74	1.74	71	3	74	4	73	-3	81
972	37316020	2241	1254	77	-0.36	80	-0.06	83	16	76	28	75	2.08	72	5	75	1	74	3	81

（续）

序号	牛号	GCPI	产奶量		乳脂率		乳蛋白率		乳脂量		乳蛋白量		体细胞评分		体型总分		泌乳系统评分		肢蹄评分	
			GEBV (kg)	r^2 (%)	GEBV (%)	r^2 (%)	GEBV (%)	r^2 (%)	GEBV (kg)	r^2 (%)	GEBV (kg)	r^2 (%)	GEBV	r^2 (%)	GEBV (kg)	r^2 (%)	GEBV (%)	r^2 (%)	GEBV (%)	r^2 (%)
973	11114611	2240	152	78	0.30	81	0.03	84	30	76	15	76	1.77	73	3	75	3	74	3	81
	11117606	2240	611	75	0.03	79	0.00	82	26	73	20	73	2.20	70	4	70	4	70	2	78
	11120633	2240	-199	72	0.63	76	0.25	79	42	70	20	70	1.89	67	-1	68	0	67	-2	75
	15518008	2240	237	75	0.19	79	0.14	82	26	74	25	73	1.69	71	2	72	-1	71	0	79
977	15516075	2239	572	78	-0.07	81	0.01	84	17	77	25	76	1.78	74	3	75	5	74	-4	81
	21214031	2239	779	76	-0.26	80	-0.14	83	15	75	16	74	1.72	72	7	73	6	72	2	80
979	37314051	2238	325	74	0.05	78	0.06	81	22	72	19	72	1.66	69	4	70	2	69	4	77
	37314059	2238	837	74	-0.07	78	-0.04	81	26	72	22	72	2.19	69	3	70	3	69	3	78
981	14117924	2237	366	78	0.25	81	0.05	83	38	76	22	76	1.85	73	0	74	0	74	-1	81
982	15516069	2236	1040	73	-0.28	78	-0.10	81	16	72	23	71	1.78	68	4	70	4	70	0	78
983	15515204	2235	1520	74	-0.48	78	-0.23	81	13	72	21	72	2.18	69	7	70	7	70	2	78
984	12114330	2234	534	79	0.04	82	-0.03	84	25	77	15	77	2.04	75	5	76	4	75	6	82
985	11120535	2233	1558	72	-0.42	76	-0.02	79	23	70	42	70	3.04	67	1	67	-1	66	-1	75
986	11121550	2231	77	69	0.23	74	0.12	77	31	67	19	67	1.43	63	3	65	-2	64	0	73
	15517046	2231	361	76	0.09	80	-0.03	82	24	75	15	74	1.77	71	4	72	6	72	0	79
	21215011	2231	1151	71	-0.20	76	-0.10	79	25	70	24	69	1.97	66	1	67	3	67	-1	75
989	15514161	2230	374	80	-0.01	83	0.04	85	14	79	17	79	2.03	76	7	77	6	77	5	83
990	31119393	2228	878	76	-0.21	80	-0.02	83	15	75	23	74	2.04	72	2	73	4	73	4	80
991	21214062	2227	588	79	0.03	82	0.10	84	25	78	28	77	2.38	75	2	76	2	75	-1	82
992	15514069	2225	826	78	-0.09	82	-0.02	84	24	77	23	76	2.12	73	3	74	4	74	-2	81
993	11113656	2223	909	81	-0.24	84	-0.09	87	17	80	20	79	2.58	76	7	77	7	77	4	84
994	15514117	2222	698	75	-0.19	79	-0.18	82	12	74	7	73	1.95	70	8	71	13	71	3	79

（续）

序号	牛号	GCPI	产奶量		乳脂率		乳蛋白率		乳脂量		乳蛋白量		体细胞评分		体型总分		泌乳系统评分		肢蹄评分	
			GEBV (kg)	r^2 (%)	GEBV (%)	r^2 (%)	GEBV (%)	r^2 (%)	GEBV (kg)	r^2 (%)	GEBV (kg)	r^2 (%)	GEBV	r^2 (%)	GEBV (kg)	r^2 (%)	GEBV (%)	r^2 (%)	GEBV (%)	r^2 (%)
	31115693	2222	347	79	0. 25	82	0. 17	84	35	78	30	77	2. 17	75	-2	75	-3	75	-2	81
996	15516056	2221	587	75	0. 02	79	-0. 02	81	27	73	20	73	2. 14	70	2	71	3	71	2	78
997	11113657	2220	413	81	-0. 19	85	-0. 15	87	4	80	0	79	2. 15	77	15	77	10	77	17	84
998	14115831	2218	429	71	0. 24	75	0. 09	78	31	69	20	69	1. 81	66	0	67	1	66	1	75
	37314031	2218	968	77	-0. 19	81	-0. 06	83	22	76	23	75	2. 17	72	2	73	1	73	6	80
1000	11119503	2217	102	72	0. 29	76	0. 23	79	29	70	23	70	1. 87	66	1	67	1	67	-4	76
1001	21217031	2216	1017	76	-0. 01	79	-0. 03	82	30	74	26	74	2. 04	71	-1	72	-1	71	0	79
1002	11114660	2215	3	80	-0. 10	84	0. 07	86	2	79	13	78	1. 87	76	9	77	9	77	7	84
	12118408	2215	1025	77	-0. 13	81	-0. 07	83	30	76	29	75	2. 09	73	-1	74	-1	73	-4	81
1004	11114652	2214	702	80	-0. 04	84	-0. 02	86	17	78	18	78	1. 67	75	4	76	3	75	1	83
1005	15514162	2212	432	76	0. 19	80	0. 03	82	29	74	18	74	2. 38	71	6	72	1	71	4	79
	21213007	2212	255	76	0. 07	80	0. 02	83	17	75	14	74	1. 70	71	4	72	5	72	4	79
	37114981	2212	1009	75	-0. 15	79	-0. 03	81	20	74	26	73	2. 04	71	1	72	3	72	-4	79
	37315038	2212	244	76	0. 08	80	0. 16	83	13	74	21	74	1. 65	70	3	71	3	70	1	79
1009	15514043	2211	739	80	-0. 21	84	-0. 01	86	14	79	23	79	1. 70	76	2	77	2	77	0	83
1010	11114657	2210	705	80	-0. 07	84	-0. 05	86	17	79	17	78	1. 06	75	3	77	1	76	-2	84
1011	15516051	2209	1283	79	-0. 23	83	-0. 07	85	28	78	29	78	2. 94	75	2	76	1	75	2	82
1012	11113675	2208	278	80	-0. 06	84	-0. 11	86	6	79	0	78	1. 76	75	12	75	10	75	12	83
	11115613	2208	561	80	0. 03	84	0. 00	86	18	78	17	78	1. 31	75	4	77	4	76	-4	84
	14116328	2208	672	76	-0. 10	79	-0. 11	82	18	74	17	74	1. 85	71	5	72	7	72	-3	79
	15514132	2208	384	78	-0. 21	81	0. 08	84	9	76	22	76	2. 16	73	5	75	4	74	4	81
	37315023	2208	286	73	0. 04	77	0. 16	79	18	71	26	71	1. 73	68	1	69	-1	68	1	76

（续）

序号	牛号	GCPI	产奶量		乳脂率		乳蛋白率		乳脂量		乳蛋白量		体细胞评分		体型总分		泌乳系统评分		肢蹄评分	
			GEBV (kg)	r^2 (%)	GEBV (%)	r^2 (%)	GEBV (%)	r^2 (%)	GEBV (kg)	r^2 (%)	GEBV (kg)	r^2 (%)	GEBV	r^2 (%)	GEBV (kg)	r^2 (%)	GEBV (%)	r^2 (%)	GEBV (%)	r^2 (%)
1017	15514032	2207	773	78	-0.27	82	-0.13	84	12	77	13	76	1.65	73	6	74	7	74	2	81
	15516007	2207	997	75	-0.06	79	-0.09	81	27	73	23	73	1.84	70	1	72	1	71	-4	79
	15516012	2207	1125	74	-0.27	78	-0.09	81	19	73	25	72	1.88	69	2	71	-1	70	2	78
1020	11116679	2206	651	75	0.06	79	0.00	82	25	74	20	73	2.11	70	3	71	3	70	0	78
	21214017	2206	1425	69	-0.46	74	-0.16	77	13	67	26	67	1.84	64	2	64	2	63	0	73
1022	15514119	2205	154	76	0.22	80	-0.06	82	21	75	4	74	1.90	72	7	72	10	72	3	79
	15514120	2205	164	76	0.22	80	-0.06	82	22	75	4	74	1.90	72	7	72	10	72	3	79
	37314041	2205	325	75	0.17	79	0.04	82	29	74	17	74	1.65	71	1	72	-1	71	2	79
1025	61216080	2203	1143	80	-0.31	83	-0.02	85	24	79	32	78	2.42	76	1	77	-2	76	0	83
1026	15515201	2202	958	75	-0.32	79	0.01	81	6	73	25	73	1.98	70	4	71	3	71	2	78
	37315040	2202	1083	78	-0.44	82	-0.13	84	5	77	20	77	2.25	74	6	75	7	74	4	82
	61220111	2202	380	73	0.11	77	0.03	80	32	71	19	70	2.08	67	2	68	1	68	-2	76
1029	11113671	2201	22	79	0.13	83	-0.02	85	15	78	5	77	1.51	74	7	75	6	74	8	82
1030	12116379	2199	954	76	-0.40	80	-0.07	83	6	75	24	75	1.88	72	5	73	4	73	0	80
	37314055	2199	49	77	0.21	81	0.17	83	21	75	21	75	1.77	72	1	73	1	73	2	80
1032	15516050	2198	1104	75	-0.14	79	-0.10	81	23	73	24	73	1.72	70	1	71	0	71	-3	78
	15517064	2198	244	72	0.18	76	0.10	79	22	70	18	70	1.63	67	2	68	1	67	0	76
1034	12116364	2197	1054	74	-0.26	78	0.03	80	14	72	31	72	1.77	69	-1	70	-1	70	-2	77
1035	11116690	2195	1119	79	-0.01	82	-0.06	85	36	77	27	77	2.11	74	-2	75	-3	75	-3	82
	37315007	2195	770	77	0.04	80	-0.06	83	26	75	18	75	1.64	72	0	73	2	73	-1	80
1037	11114656	2194	914	80	-0.11	83	-0.02	86	21	78	25	78	1.59	75	-1	76	-3	75	0	83
	15517065	2194	677	75	-0.08	79	0.00	82	24	74	25	74	2.16	71	3	72	1	71	-4	79

（续）

序号	牛号	GCPI	产奶量		乳脂率		乳蛋白率		乳脂量		乳蛋白量		体细胞评分		体型总分		泌乳系统评分		肢蹄评分	
			GEBV (kg)	r^2 (%)	GEBV (%)	r^2 (%)	GEBV (%)	r^2 (%)	GEBV (kg)	r^2 (%)	GEBV (kg)	r^2 (%)	GEBV	r^2 (%)	GEBV (kg)	r^2 (%)	GEBV (%)	r^2 (%)	GEBV (%)	r^2 (%)
	37316014	2194	557	76	0.02	80	0.00	82	21	74	19	74	1.75	71	2	72	1	72	1	79
1040	12115351	2193	237	70	0.27	75	0.13	78	30	68	21	68	1.96	65	-1	65	-1	65	1	74
1041	15515217	2192	915	74	-0.16	78	-0.15	81	20	72	13	71	2.34	68	6	69	4	68	8	77
	37315030	2192	896	73	-0.18	78	-0.05	81	20	72	24	71	1.96	68	0	69	-1	69	2	77
1043	15514102	2190	752	74	-0.18	78	-0.20	81	12	73	5	72	1.88	70	10	70	8	70	7	78
	15516026	2190	1040	79	-0.19	83	-0.11	85	18	78	19	78	1.94	75	3	76	4	76	-1	82
1045	14117329	2188	626	80	0.07	83	0.00	85	29	78	22	78	2.20	76	2	77	0	76	-1	83
	15516072	2188	1067	76	-0.31	79	-0.19	82	12	74	12	74	2.41	71	9	72	10	71	3	79
	37313028	2188	431	76	-0.21	80	0.03	83	5	75	17	74	1.93	72	5	73	5	72	6	80
1048	11117697	2187	384	72	0.36	76	0.06	79	38	70	18	69	2.10	66	0	67	-2	66	1	75
	41113889	2187	358	78	0.23	82	-0.01	84	32	77	15	77	2.20	74	4	76	2	75	1	82
1050	12116380	2186	1203	77	-0.27	80	-0.22	83	13	75	15	75	1.47	72	4	73	6	73	-4	80
1051	11120517	2185	341	73	0.35	77	0.09	79	33	71	18	71	1.94	68	0	69	1	68	-2	76
	11121565	2185	1588	71	-0.31	75	-0.06	78	24	69	31	68	2.21	66	-3	67	-2	66	-1	75
	15516001	2185	679	76	0.05	80	-0.13	83	26	75	14	74	1.73	72	2	74	2	74	1	81
1054	15516005	2183	1300	74	-0.37	78	-0.14	81	16	72	24	72	2.22	69	3	70	2	70	-1	78
	21216045	2183	685	75	-0.02	78	-0.01	81	24	73	20	73	2.42	70	3	71	3	70	1	78
	37314060	2183	115	77	0.15	81	0.15	84	18	76	20	76	1.90	72	2	74	1	73	3	81
	61215037	2183	536	78	-0.09	82	0.07	84	15	77	25	77	2.17	74	0	75	3	74	1	81
1058	11121568	2182	768	71	0.02	75	0.00	78	28	69	22	69	2.02	66	0	67	0	67	-2	75
	15514052	2182	960	78	-0.30	81	-0.20	84	11	76	11	76	2.04	73	5	74	8	74	5	81
	15516067	2182	541	73	-0.16	78	-0.09	80	11	72	13	71	1.42	68	4	70	3	70	4	78

（续）

序号	牛号	GCPI	产奶量		乳脂率		乳蛋白率		乳脂量		乳蛋白量		体细胞评分		体型总分		泌乳系统评分		肢蹄评分	
			GEBV (kg)	r^2 (%)	GEBV (%)	r^2 (%)	GEBV (%)	r^2 (%)	GEBV (kg)	r^2 (%)	GEBV (kg)	r^2 (%)	GEBV	r^2 (%)	GEBV (kg)	r^2 (%)	GEBV (%)	r^2 (%)	GEBV (%)	r^2 (%)
	21214037	2182	246	78	0.09	82	0.07	84	19	77	18	77	1.77	74	0	75	1	74	3	82
	37314057	2182	463	74	0.07	78	0.09	81	25	72	23	72	2.05	69	1	71	-1	70	-1	78
1063	15519028	2181	250	73	0.07	77	0.06	80	21	72	18	71	2.15	69	3	70	5	69	-2	77
	21214027	2181	917	75	-0.30	79	-0.07	82	11	74	23	73	2.11	71	2	72	3	71	3	79
	21215002	2181	742	78	-0.36	81	0.04	83	6	76	25	76	2.02	73	4	74	3	74	1	81
	21215004	2181	773	79	-0.25	82	-0.09	84	10	77	15	77	1.91	74	7	75	7	75	-1	82
1067	11115619	2180	110	78	0.05	82	0.07	84	13	77	15	76	1.91	74	3	75	3	74	8	82
	15514107	2180	904	77	-0.11	80	-0.19	83	20	75	10	75	1.97	72	4	73	8	73	1	80
	31116444	2180	58	75	0.38	78	0.09	81	35	73	18	73	1.70	70	-1	71	-1	71	-4	78
1070	15514034	2178	372	77	-0.06	81	0.01	83	13	76	13	75	1.83	73	5	74	7	73	0	81
1071	15517051	2177	205	77	0.09	80	0.20	83	19	75	26	75	2.32	72	1	72	1	71	-1	79
1072	31114687	2175	533	81	-0.08	84	-0.09	86	12	80	9	79	1.69	77	4	79	9	78	1	85
	61218095	2175	745	73	-0.13	77	0.05	80	20	72	29	71	2.42	69	1	69	2	69	-6	76
1074	21215003	2174	826	71	-0.03	75	-0.05	78	23	69	22	69	2.07	66	0	66	1	66	0	74
1075	37315027	2173	578	75	-0.11	79	0.03	81	12	73	21	73	1.70	70	2	71	2	71	0	78
1076	11119515	2171	278	70	0.27	74	0.05	77	32	68	17	68	1.91	65	-2	65	-1	65	2	73
	37317046	2171	477	73	-0.09	77	-0.08	79	17	71	13	71	1.66	68	4	69	3	69	2	76
1078	21215024	2170	367	78	0.25	82	0.09	84	30	77	21	76	2.02	74	0	75	2	74	-6	81
1079	15514087	2169	633	80	-0.18	83	-0.06	85	12	79	16	79	1.91	76	5	77	6	77	-3	83
	37313031	2169	190	78	0.15	81	0.03	84	19	76	12	76	1.82	73	3	74	3	74	5	81
1081	15514134	2167	1030	77	-0.22	81	-0.01	83	12	76	26	75	1.87	72	-1	73	0	73	0	80
1082	15516065	2166	887	75	-0.41	79	-0.14	81	5	73	19	73	1.57	70	3	71	2	71	4	79

（续）

序号	牛号	GCPI	产奶量		乳脂率		乳蛋白率		乳脂量		乳蛋白量		体细胞评分		体型总分		泌乳系统评分		肢蹄评分	
			GEBV (kg)	r^2 (%)	GEBV (%)	r^2 (%)	GEBV (%)	r^2 (%)	GEBV (kg)	r^2 (%)	GEBV (kg)	r^2 (%)	GEBV	r^2 (%)	GEBV (kg)	r^2 (%)	GEBV (%)	r^2 (%)	GEBV (%)	r^2 (%)
	61219113	2166	513	72	0.12	76	-0.03	79	30	71	19	70	2.11	68	-1	68	1	68	-2	76
1084	12115356	2165	1053	77	-0.36	80	-0.05	83	14	76	27	75	2.41	73	0	73	0	73	5	80
	37313018	2165	1544	69	-0.33	73	-0.12	76	26	68	30	67	2.32	64	-3	65	-2	64	-3	73
1086	11115627	2163	656	79	-0.01	82	-0.10	85	21	77	14	77	1.93	74	3	75	2	75	2	82
	12116365	2163	771	76	-0.25	80	0.01	82	9	75	25	75	1.79	72	0	73	-1	72	3	80
	15516079	2163	535	75	0.01	79	-0.16	82	17	74	2	73	1.97	70	9	72	9	71	3	79
1089	13214030	2162	165	78	0.01	82	-0.06	84	12	77	5	76	1.45	74	5	75	8	74	2	82
1090	11116668	2161	1072	77	-0.40	81	-0.12	83	10	76	24	75	1.95	72	2	74	4	73	-4	81
	15514037	2161	1248	81	-0.31	84	-0.12	86	19	79	26	79	1.86	77	-1	78	0	77	-5	84
	15516014	2161	423	80	-0.07	84	0.04	86	14	79	20	79	1.40	76	0	77	1	77	-1	84
	37113993	2161	851	74	-0.07	78	-0.06	81	27	72	20	72	1.94	69	1	70	-2	69	0	78
1094	37313029	2158	248	77	-0.19	81	0.05	83	3	76	15	75	2.05	73	4	74	6	73	7	81
	37314043	2158	694	76	-0.12	80	0.04	83	18	75	26	74	2.40	71	1	73	-1	73	2	81
1096	12118404	2157	322	75	0.31	79	0.07	81	36	73	20	73	2.34	70	-2	72	-1	71	-2	79
1097	15516071	2156	551	75	-0.19	79	-0.22	82	7	74	0	73	1.74	71	10	72	10	71	5	79
	37316029	2156	496	80	0.23	83	-0.10	86	36	79	11	78	1.85	76	1	77	-1	77	2	83
1099	15515210	2155	444	78	0.00	82	0.03	84	21	77	18	77	2.30	74	2	75	5	75	-3	82
	61216085	2155	351	75	0.27	79	0.05	82	32	74	19	73	1.85	70	-2	72	0	71	-5	79
1101	31113217	2154	451	77	0.04	81	0.05	83	23	75	20	75	2.08	72	-1	72	1	72	2	79
1102	15515209	2153	444	79	0.00	82	0.02	84	21	77	18	77	2.30	74	2	75	5	75	-3	82
	37315039	2153	766	77	-0.15	81	-0.15	84	16	76	12	75	2.14	72	5	71	5	71	3	79
	61216077	2153	787	72	-0.27	76	-0.04	79	10	70	23	70	2.46	67	4	68	5	67	0	75

（续）

序号	牛号	GCPI	产奶量		乳脂率		乳蛋白率		乳脂量		乳蛋白量		体细胞评分		体型总分		泌乳系统评分		肢蹄评分	
			GEBV（kg）	r^2（%）	GEBV（%）	r^2（%）	GEBV（%）	r^2（%）	GEBV（kg）	r^2（%）	GEBV（kg）	r^2（%）	GEBV	r^2（%）	GEBV（kg）	r^2（%）	GEBV（%）	r^2（%）	GEBV（%）	r^2（%）
1105	15514072	2152	989	79	-0.18	82	-0.19	84	21	77	13	77	2.15	74	2	75	4	75	2	82
1106	11113567	2151	652	81	-0.18	84	-0.05	86	11	80	17	79	2.26	77	5	77	5	77	2	84
	11120527	2151	944	75	-0.09	79	-0.13	82	22	74	16	73	2.35	70	4	72	1	71	2	79
	21213009	2151	238	78	0.10	81	0.21	83	19	76	28	76	2.46	74	0	74	-1	74	-1	80
	37314033	2151	498	81	0.03	84	-0.15	86	27	79	8	79	1.88	77	2	78	3	77	1	84
1110	11114632	2150	582	81	-0.12	84	-0.02	86	11	79	16	79	2.00	76	2	78	7	78	-2	84
	15514053	2150	463	82	-0.07	86	-0.06	88	10	81	10	80	1.97	78	7	82	5	82	6	88
1112	11114618	2149	705	76	-0.25	80	-0.02	82	10	75	17	74	1.80	72	5	74	0	73	5	81
1113	21214025	2148	554	73	0.00	77	-0.01	80	24	72	22	71	1.48	68	-2	69	-2	69	-6	77
	31119380	2148	-332	71	0.40	75	0.09	78	26	69	8	68	1.22	65	1	64	2	64	-3	72
1115	11113673	2147	-363	82	0.33	85	0.27	88	18	81	20	81	2.29	78	4	79	-1	78	4	85
	15514123	2147	923	76	-0.09	80	-0.10	82	23	74	20	74	1.74	71	-1	71	0	71	-3	79
	21214026	2147	1165	76	-0.24	80	-0.23	83	26	75	19	74	2.06	72	1	73	1	72	-4	80
1118	15514046	2144	831	78	-0.42	82	-0.15	84	2	77	13	77	1.81	74	7	75	6	75	2	82
	37315019	2144	42	76	0.06	79	0.11	82	9	74	15	73	1.61	71	2	72	3	71	2	79
1120	15514078	2143	1110	79	-0.49	82	-0.08	84	5	78	26	77	1.80	75	-1	76	-1	76	2	82
	15514111	2143	546	77	-0.08	81	-0.06	83	10	76	9	75	1.87	73	7	74	6	74	2	81
1122	11119507	2142	321	66	0.12	71	0.01	74	26	65	14	64	1.97	61	0	62	-1	61	4	70
	13214057	2142	383	77	-0.01	80	0.03	83	18	75	18	75	2.22	72	3	73	2	72	1	80
1124	14115312	2141	115	75	0.30	79	0.16	82	28	74	21	73	1.88	70	-1	71	-4	71	-1	79
	37315013	2141	512	79	-0.05	82	0.02	84	20	77	20	77	2.02	74	0	76	-1	76	1	83
1126	11113557	2140	-3	80	0.07	84	0.10	86	10	79	13	79	2.40	76	5	76	2	76	13	83

（续）

序号	牛号	GCPI	产奶量		乳脂率		乳蛋白率		乳脂量		乳蛋白量		体细胞评分		体型总分		泌乳系统评分		肢蹄评分	
			GEBV (kg)	r^2 (%)	GEBV (%)	r^2 (%)	GEBV (%)	r^2 (%)	GEBV (kg)	r^2 (%)	GEBV (kg)	r^2 (%)	GEBV	r^2 (%)	GEBV (kg)	r^2 (%)	GEBV (%)	r^2 (%)	GEBV (%)	r^2 (%)
	37114984	2140	683	73	-0.23	77	-0.05	80	5	71	14	71	1.53	68	4	68	3	68	4	76
	61216047	2140	456	72	-0.05	76	0.02	79	13	70	20	70	1.63	67	1	67	1	67	-4	75
1129	14115314	2139	64	76	0.12	80	0.16	83	18	75	21	74	1.77	72	2	73	-2	72	-1	80
	15514128	2139	1377	78	-0.48	81	-0.14	84	6	76	25	76	1.75	73	-1	75	0	74	2	81
	37314049	2139	235	81	0.16	84	-0.03	86	27	79	11	79	1.98	77	1	78	1	77	3	84
1132	11114606	2138	319	81	0.10	84	0.07	87	23	79	20	79	1.77	76	-1	77	-3	77	-1	84
1133	15516066	2137	378	74	-0.06	78	-0.04	81	13	72	10	72	1.84	69	4	70	4	70	4	78
	41115868	2137	223	72	0.18	76	0.04	79	22	70	14	70	1.68	67	0	67	0	67	2	76
1135	15514063	2136	382	76	-0.03	80	0.00	82	10	75	15	74	1.79	71	4	72	4	72	0	79
1136	11115618	2135	-89	76	0.22	80	0.23	83	13	74	21	74	1.69	71	1	72	-1	71	0	80
	15514061	2135	603	79	-0.01	82	-0.08	85	21	78	14	77	2.12	75	3	76	2	76	0	82
	31113216	2135	547	76	-0.06	80	0.02	83	19	75	21	74	2.33	72	0	71	0	71	3	78
1139	15514077	2133	334	76	-0.28	80	-0.13	82	1	75	1	74	1.70	71	11	73	9	72	6	80
	37313023	2133	1110	75	-0.31	79	-0.20	82	16	73	15	73	1.94	70	1	71	3	71	0	79
1141	11115603	2131	462	78	-0.04	82	-0.07	84	17	77	11	76	2.07	73	5	75	1	74	5	81
	21218042	2131	834	74	-0.14	78	-0.07	81	18	73	18	72	2.32	70	1	70	2	70	1	78
	31117140	2131	606	68	-0.12	72	-0.08	75	16	66	15	66	1.78	63	3	63	2	63	-1	71
	37314038	2131	545	77	-0.26	81	0.02	83	8	76	20	76	2.00	73	2	74	2	74	2	81
	37315037	2131	470	71	-0.13	76	0.10	79	15	70	26	69	2.07	66	-1	67	-3	67	0	75
	61220118	2131	680	77	-0.17	79	0.04	81	16	77	26	76	2.55	75	-1	75	0	75	1	79
1147	11117686	2130	573	74	-0.02	78	-0.03	81	20	72	20	72	1.80	69	-1	70	2	70	-7	78
	11121551	2130	797	72	-0.28	76	0.07	79	15	70	31	70	2.82	67	1	68	1	67	-4	76

（续）

序号	牛号	GCPI	产奶量		乳脂率		乳蛋白率		乳脂量		乳蛋白量		体细胞评分		体型总分		泌乳系统评分		肢蹄评分	
			GEBV (kg)	r^2 (%)	GEBV (%)	r^2 (%)	GEBV (%)	r^2 (%)	GEBV (kg)	r^2 (%)	GEBV (kg)	r^2 (%)	GEBV	r^2 (%)	GEBV (kg)	r^2 (%)	GEBV (%)	r^2 (%)	GEBV (%)	r^2 (%)
	37314005	2130	657	70	-0. 11	75	-0. 04	78	16	69	19	68	1. 63	65	0	65	1	65	-4	74
1150	12113320	2129	364	75	0. 12	79	0. 14	81	19	74	24	73	2. 15	70	0	71	-3	70	1	78
	14113055	2129	762	77	-0. 33	81	-0. 21	84	6	76	5	76	2. 09	73	7	74	9	74	6	81
	37315016	2129	71	73	0. 21	77	0. 05	80	23	71	15	71	2. 01	68	1	70	1	69	-1	78
1153	12116362	2128	615	76	-0. 10	80	-0. 12	83	14	75	12	75	1. 65	72	3	73	4	72	-1	80
	15514105	2128	1093	79	-0. 66	83	-0. 19	85	-3	78	16	78	1. 84	75	5	76	6	76	2	83
	37113994	2128	369	75	0. 12	79	0. 08	82	21	73	20	73	1. 79	70	0	71	-1	70	-3	78
	65118354	2128	1128	76	-0. 08	80	-0. 11	82	32	74	27	74	2. 30	72	-4	72	-4	72	-6	79
1157	15516019	2127	1164	80	-0. 32	83	-0. 10	85	12	79	21	78	2. 29	76	2	77	4	77	-3	83
1158	15514142	2126	119	79	0. 11	82	0. 10	84	18	77	17	77	1. 91	74	2	75	-1	75	3	82
	15516008	2126	704	75	-0. 21	79	-0. 06	82	12	74	19	73	2. 13	70	3	72	0	71	3	79
	21214024	2126	544	74	-0. 01	78	-0. 01	81	18	73	16	72	1. 90	70	1	71	0	70	1	78
1161	15514062	2124	1352	79	-0. 39	82	-0. 14	84	13	77	26	77	2. 13	75	0	76	0	75	-4	82
1162	15514045	2123	669	81	-0. 24	84	-0. 07	86	11	80	18	79	2. 08	77	2	79	2	78	1	84
1163	11120533	2122	9	73	0. 30	77	0. 07	80	25	72	12	71	2. 68	69	3	69	2	69	6	77
	12118409	2122	885	78	-0. 09	82	-0. 10	84	28	77	23	77	2. 24	74	-2	75	-3	74	-2	81
	37314022	2122	614	73	-0. 02	77	0. 06	80	14	72	21	71	1. 96	69	-2	70	-2	70	5	77
	61218094	2122	785	63	-0. 24	67	0. 02	70	16	61	26	61	2. 09	58	-1	59	-3	58	-1	67
	53213151	2122	-294	74	0. 33	78	0. 00	81	22	72	0	72	1. 15	69	3	69	1	69	5	78
	(37313005*)																			
1168	15516063	2121	679	72	-0. 19	77	0. 00	80	10	71	21	70	1. 77	67	0	68	0	68	-1	76
	21216059	2121	465	73	0. 06	77	0. 01	80	23	71	19	71	2. 67	68	1	69	0	69	3	77

（续）

序号	牛号	GCPI	产奶量		乳脂率		乳蛋白率		乳脂量		乳蛋白量		体细胞评分		体型总分		泌乳系统评分		肢蹄评分	
			GEBV (kg)	r^2 (%)	GEBV (%)	r^2 (%)	GEBV (%)	r^2 (%)	GEBV (kg)	r^2 (%)	GEBV (kg)	r^2 (%)	GEBV	r^2 (%)	GEBV (kg)	r^2 (%)	GEBV (%)	r^2 (%)	GEBV (%)	r^2 (%)
1170	15514144	2120	546	77	-0.04	81	0.03	84	19	76	20	76	1.99	73	0	74	0	73	-2	81
	31113223	2120	467	77	-0.29	80	0.06	82	3	75	20	75	2.23	72	3	73	3	72	4	79
	31115696	2120	480	74	0.15	78	-0.04	81	25	73	12	72	1.73	70	0	70	0	69	0	77
1173	11114638	2119	-387	82	0.05	85	0.02	87	-1	80	0	80	1.53	77	10	79	7	78	7	85
	12114328	2119	407	78	-0.16	81	0.09	83	8	76	22	76	1.69	73	-1	74	-1	73	1	81
1175	11116689	2118	769	83	0.09	86	-0.04	88	32	81	21	81	2.21	78	-2	78	-1	77	-7	84
	13214097	2118	123	76	0.09	80	0.10	83	14	75	15	75	1.48	72	1	73	0	73	-2	80
	15514159	2118	1035	80	-0.41	83	-0.05	85	2	78	23	78	1.81	76	0	77	0	76	2	83
	61220114	2118	1031	71	-0.34	75	-0.11	78	14	69	23	69	2.20	66	1	67	0	66	-1	74
1179	15514118	2117	999	80	-0.32	83	-0.11	85	7	78	18	78	1.66	75	0	77	0	77	2	84
	37316011	2117	838	79	-0.14	82	-0.12	84	23	77	17	77	2.14	74	0	76	0	75	-1	82
1181	15516021	2114	397	80	-0.19	83	-0.06	85	3	79	9	79	1.45	76	4	77	6	77	1	83
	21214063	2114	246	77	-0.02	80	-0.01	83	20	75	16	75	2.20	72	2	73	0	72	1	80
1183	12116366	2113	33	76	-0.11	80	0.15	82	0	74	19	74	1.65	71	2	72	2	72	1	79
	21214035	2113	-368	73	0.29	77	0.06	80	13	72	3	71	1.30	69	4	70	2	69	6	77
	31116414	2113	56	78	-0.04	81	0.11	84	9	76	21	76	1.76	73	1	74	4	74	-8	81
1186	15514064	2112	851	79	-0.24	83	-0.05	85	12	78	22	78	1.88	75	0	76	0	76	-3	82
	21214061	2112	241	77	-0.02	80	-0.01	83	20	75	16	75	2.20	72	2	73	0	72	1	80
	31119390	2112	178	73	-0.13	77	-0.01	80	3	72	8	71	1.76	68	4	70	4	70	9	78
1189	21217021	2111	558	72	-0.12	76	0.02	79	18	70	20	70	1.77	67	-1	68	0	67	-4	75
1190	21217022	2110	-99	74	0.38	78	0.08	80	27	72	9	72	2.01	69	3	70	2	69	-2	77
	61215036	2110	167	76	-0.02	80	-0.02	83	7	75	7	74	1.69	71	5	73	4	72	3	80

（续）

序号	牛号	GCPI	产奶量		乳脂率		乳蛋白率		乳脂量		乳蛋白量		体细胞评分		体型总分		泌乳系统评分		肢蹄评分	
			GEBV (kg)	r^2 (%)	GEBV (%)	r^2 (%)	GEBV (%)	r^2 (%)	GEBV (kg)	r^2 (%)	GEBV (kg)	r^2 (%)	GEBV	r^2 (%)	GEBV (kg)	r^2 (%)	GEBV (%)	r^2 (%)	GEBV (%)	r^2 (%)
1192	37314053	2109	1065	76	-0. 45	80	-0. 15	82	9	75	20	74	1. 93	71	-1	73	1	72	1	79
1193	61216067	2108	584	76	-0. 34	79	-0. 05	81	-1	74	18	74	2. 28	73	4	72	2	72	9	78
1194	15516024	2107	950	80	-0. 39	83	-0. 13	85	5	79	17	79	2. 31	77	4	77	5	77	1	83
	21214032	2107	831	75	-0. 36	78	-0. 10	81	8	73	16	73	2. 08	70	3	71	1	71	4	78
1196	11114615	2106	492	82	-0. 24	85	-0. 06	88	5	81	16	80	1. 70	77	2	79	2	78	0	85
	37316009	2106	902	78	-0. 04	82	-0. 06	84	30	76	23	76	2. 46	73	-2	74	-2	74	-5	81
1198	37316021	2103	582	79	0. 22	82	0. 02	85	37	78	22	77	2. 39	75	-3	76	-3	75	-7	82
1199	31113674	2102	1311	76	-0. 57	79	-0. 11	82	6	74	28	74	2. 40	72	0	72	0	72	-1	79
	53213154	2102	447	78	-0. 07	82	-0. 01	84	14	77	18	76	1. 94	74	-1	75	0	74	1	81
	(37313032*)																			
1201	15514136	2101	993	75	-0. 31	79	-0. 24	82	11	73	8	73	2. 16	70	3	71	7	70	1	78
	15516002	2101	557	74	-0. 17	78	-0. 07	81	11	73	12	72	1. 61	69	2	71	2	70	0	78
	61216057	2101	312	69	0. 16	73	0. 03	76	26	67	17	67	2. 42	63	-2	64	-2	63	3	72
1204	15514051	2100	581	77	-0. 39	81	-0. 21	83	-1	76	0	75	1. 73	72	10	74	9	73	5	81
	15514100	2100	975	76	-0. 44	79	-0. 05	82	2	74	23	74	1. 93	71	1	72	1	72	-1	79
	15514115	2100	701	80	-0. 26	83	-0. 12	86	8	79	15	79	1. 84	76	2	77	4	77	-3	83
	65113151	2100	-17	76	0. 13	79	0. 10	82	14	75	14	74	1. 99	72	2	73	3	72	-2	79
1208	15514099	2099	567	77	-0. 15	80	-0. 07	83	7	75	9	75	2. 23	72	7	73	7	73	1	80
	15516061	2099	536	75	-0. 19	79	-0. 13	81	10	73	9	73	1. 42	70	2	71	3	71	0	79
	61216082	2099	161	77	-0. 27	80	-0. 14	83	-6	75	-1	75	1. 52	72	10	73	8	73	8	80
1211	37114988	2098	662	73	-0. 16	77	-0. 10	80	13	71	14	71	2. 43	68	5	68	5	68	-1	76
	53213152	2098	768	70	-0. 24	74	-0. 08	77	14	68	20	68	2. 15	65	0	65	-1	65	0	73
	(37313012*)																			

（续）

序号	牛号	GCPI	产奶量		乳脂率		乳蛋白率		乳脂量		乳蛋白量		体细胞评分		体型总分		泌乳系统评分		肢蹄评分	
			GEBV (kg)	r^2 (%)	GEBV (%)	r^2 (%)	GEBV (%)	r^2 (%)	GEBV (kg)	r^2 (%)	GEBV (kg)	r^2 (%)	GEBV	r^2 (%)	GEBV (kg)	r^2 (%)	GEBV (%)	r^2 (%)	GEBV (%)	r^2 (%)
1213	11114607	2095	20	84	0.03	88	0.03	90	15	83	13	83	1.55	79	0	83	-1	83	1	89
1214	37114982	2094	-45	74	0.06	78	-0.02	81	9	73	1	72	1.54	69	5	70	5	69	4	78
1215	14117405	2093	644	78	-0.03	81	-0.02	84	23	77	20	76	2.31	74	0	75	-2	74	-2	81
	37315026	2093	757	76	-0.36	80	0.01	83	8	74	25	74	2.36	70	0	71	0	70	0	79
1217	12116357	2090	990	76	-0.27	80	-0.21	83	8	75	10	74	1.37	72	1	73	3	72	-2	80
	31114206	2090	619	75	-0.04	79	-0.13	81	15	73	7	73	1.53	70	3	70	3	70	-2	78
1219	61216061	2088	143	67	0.32	71	0.08	74	24	66	11	65	1.62	62	-2	63	0	62	-3	71
	61216074	2088	119	65	0.06	69	0.05	72	13	63	15	62	1.87	59	1	60	2	59	-2	68
1221	15514135	2087	-42	80	0.38	83	0.08	85	24	78	10	78	1.77	75	-1	77	-3	77	4	84
1222	15514070	2085	483	77	0.05	80	0.05	83	23	75	19	75	2.48	72	0	73	-1	72	-2	80
	15514089	2085	584	80	-0.29	84	-0.05	86	2	78	12	78	2.14	75	6	80	6	79	-1	86
	15515203	2085	126	78	-0.10	81	0.03	84	-1	76	10	76	1.66	73	5	75	4	74	1	82
1225	11120524	2084	-257	73	0.41	77	0.14	80	23	71	9	71	2.54	68	3	69	2	69	3	77
	12116363	2084	331	75	-0.12	79	-0.16	81	9	73	-1	73	1.19	70	4	71	3	70	5	78
	15514110	2084	240	78	0.32	81	0.14	83	28	77	19	76	2.01	74	-4	75	-4	74	-2	81
	21215020	2084	491	77	0.05	80	0.06	82	20	76	18	75	2.44	74	0	73	2	73	-4	79
1229	37313011	2083	646	78	0.01	82	-0.05	84	21	77	16	77	2.49	74	2	75	0	75	0	82
1230	15514059	2082	1055	77	-0.48	80	-0.04	83	0	75	25	75	1.93	72	-1	76	0	75	-2	82
1231	11120536	2081	344	72	-0.01	76	-0.08	79	18	70	11	70	2.14	67	2	67	2	67	1	75
	15514153	2081	129	79	-0.07	82	0.12	85	10	78	20	77	2.25	75	2	76	-1	75	1	82
	21214069	2081	393	71	0.04	75	0.04	78	19	69	20	68	2.30	66	-2	66	0	65	-2	74
	21216017	2081	678	50	-0.19	56	-0.12	60	13	48	10	47	1.47	42	-1	38	1	36	1	53

（续）

序号	牛号	GCPI	产奶量		乳脂率		乳蛋白率		乳脂量		乳蛋白量		体细胞评分		体型总分		泌乳系统评分		肢蹄评分	
			GEBV (kg)	r^2 (%)	GEBV (%)	r^2 (%)	GEBV (%)	r^2 (%)	GEBV (kg)	r^2 (%)	GEBV (kg)	r^2 (%)	GEBV	r^2 (%)	GEBV (kg)	r^2 (%)	GEBV (%)	r^2 (%)	GEBV (%)	r^2 (%)
1235	11119689	2080	275	66	0.12	70	0.07	73	23	64	18	64	1.80	61	-4	61	-4	61	-2	69
	12114342	2080	73	73	0.01	77	0.02	80	10	71	10	71	1.60	68	0	68	2	68	2	76
	12114325	2079	-152	74	-0.02	78	-0.02	80	1	72	1	72	1.68	69	8	70	6	70	4	77
1237	15514103	2079	593	77	-0.10	81	-0.02	83	11	76	18	76	2.00	73	0	74	1	73	-2	81
	31115699	2079	-131	74	0.16	78	0.06	80	13	73	6	72	1.53	69	3	71	3	70	-2	77
1240	15516009	2077	970	75	-0.31	79	-0.22	81	13	73	13	73	1.65	70	0	72	0	71	-2	79
1241	15514121	2076	753	79	-0.34	82	-0.09	85	6	78	19	78	1.55	75	-1	77	-1	76	-2	82
1242	37314004	2075	-468	76	0.32	80	0.07	82	19	74	1	74	1.43	71	3	71	0	71	5	79
	37315033	2075	427	75	-0.08	79	-0.07	82	12	74	7	73	1.94	70	4	71	2	70	4	78
1244	11114670	2074	-224	79	0.15	83	0.12	86	10	78	10	77	1.75	74	1	75	1	75	3	82
1245	11115623	2073	-28	84	0.00	87	0.10	90	4	82	14	82	1.76	79	1	81	1	80	2	87
	12116384	2073	120	75	-0.03	78	-0.09	81	8	73	-1	73	1.84	70	6	70	7	70	4	78
1247	21214047	2070	208	76	-0.04	80	-0.04	83	15	75	11	75	2.20	72	3	73	2	72	1	80
	31113224	2070	465	77	-0.11	81	-0.03	83	8	75	12	74	1.77	71	1	72	3	71	-3	79
1249	15514160	2069	858	77	-0.30	81	-0.08	83	5	76	19	75	2.02	73	-1	74	-1	73	3	80
	41115863	2069	149	76	0.10	80	0.02	83	17	75	10	74	2.04	71	2	72	0	71	3	79
1251	31119468	2067	877	73	-0.22	77	-0.15	80	14	72	13	71	1.88	68	0	70	3	70	-5	77
1252	15514068	2065	392	75	-0.08	79	-0.15	82	11	74	4	73	1.74	70	3	72	6	71	-1	79
	15514130	2065	1192	80	-0.44	83	-0.18	85	4	79	18	78	2.00	76	0	78	0	77	2	84
	21216027	2065	158	74	0.01	78	0.00	80	14	72	11	72	1.99	69	2	70	2	70	-2	77
	31113659	2065	168	75	0.21	79	0.04	82	19	73	11	73	1.85	70	0	71	-1	70	0	79
	31115183	2065	132	76	-0.23	80	0.11	83	-2	74	18	74	1.99	71	2	72	0	72	3	80

（续）

序号	牛号	GCPI	产奶量		乳脂率		乳蛋白率		乳脂量		乳蛋白量		体细胞评分		体型总分		泌乳系统评分		肢蹄评分	
			GEBV (kg)	r^2 (%)	GEBV (%)	r^2 (%)	GEBV (%)	r^2 (%)	GEBV (kg)	r^2 (%)	GEBV (kg)	r^2 (%)	GEBV	r^2 (%)	GEBV (kg)	r^2 (%)	GEBV (%)	r^2 (%)	GEBV (%)	r^2 (%)
1257	15514133	2063	378	81	-0.20	84	0.06	86	4	79	18	79	1.92	77	0	78	1	77	-2	84
	15514148	2063	1124	78	-0.47	82	-0.17	84	5	77	17	77	1.53	74	-2	75	-3	75	2	82
1259	11121505	2062	325	72	-0.04	76	-0.01	79	19	70	16	70	2.28	66	1	67	-2	66	0	74
	31115410	2062	592	74	0.07	78	-0.04	81	21	72	14	72	1.45	69	-4	69	-3	68	-3	76
	37114987	2062	-65	73	0.12	77	0.03	80	12	71	4	71	2.07	68	5	69	3	68	4	76
1262	12114331	2061	396	77	-0.33	80	0.03	83	-2	75	18	75	1.72	72	0	73	1	72	0	80
1263	37313026	2059	740	77	-0.24	81	-0.15	84	10	76	12	75	1.80	72	1	74	-1	74	4	81
1264	15514048	2057	675	81	-0.26	84	-0.18	86	8	79	9	79	2.06	77	3	78	4	77	1	83
1265	14114060	2056	-109	78	0.03	82	0.02	84	7	77	6	76	1.72	74	3	75	3	74	2	81
	41115861	2056	-254	73	0.21	77	0.06	80	15	72	3	71	2.17	68	4	70	6	70	0	78
1267	31113662	2055	-10	74	0.14	78	-0.03	81	13	72	1	72	1.76	69	3	70	3	69	5	77
1268	21215009	2054	93	75	-0.02	79	0.08	82	6	73	15	73	1.91	70	0	71	-1	71	2	79
	31113226	2054	545	76	-0.16	80	-0.04	83	7	75	13	74	1.77	71	0	72	3	71	-4	79
1270	15516028	2053	701	79	-0.24	82	-0.12	84	6	77	13	77	1.49	75	-1	75	2	75	-3	81
	21214040	2053	56	74	-0.02	78	0.04	80	6	72	9	72	1.82	69	2	70	3	69	1	77
1272	15514212	2052	1468	74	-0.46	78	-0.21	81	7	72	19	72	1.92	68	-1	70	0	69	-3	77
1273	31113664	2050	232	80	0.03	84	-0.02	86	11	78	7	78	1.86	74	1	74	2	73	2	82
1274	11113579	2048	27	78	-0.08	81	0.06	84	4	76	13	76	1.61	73	0	74	-1	73	1	81
	31115182	2048	-303	73	0.08	77	0.13	79	3	72	10	71	1.60	68	3	70	1	69	0	77
1276	14115728	2046	206	76	-0.01	80	-0.02	82	18	75	14	74	2.19	71	-1	72	-1	72	-1	79
	15514040	2046	1246	78	-0.36	81	-0.10	84	10	76	24	76	2.26	73	-1	74	-1	74	-6	81
	15514047	2046	150	80	-0.19	83	-0.06	85	-1	79	6	78	1.52	76	3	77	5	77	-2	83

（续）

序号	牛号	GCPI	产奶量		乳脂率		乳蛋白率		乳脂量		乳蛋白量		体细胞评分		体型总分		泌乳系统评分		肢蹄评分	
			GEBV (kg)	r^2 (%)	GEBV (%)	r^2 (%)	GEBV (%)	r^2 (%)	GEBV (kg)	r^2 (%)	GEBV (kg)	r^2 (%)	GEBV	r^2 (%)	GEBV (kg)	r^2 (%)	GEBV (%)	r^2 (%)	GEBV (%)	r^2 (%)
	15514210	2046	1032	76	-0.38	79	-0.14	82	4	74	16	74	2.09	71	0	72	2	71	-2	79
1280	15516015	2045	1006	80	-0.45	84	-0.13	86	4	79	17	79	2.22	77	1	78	2	77	-1	83
1281	21214022	2043	533	79	-0.16	82	-0.07	84	18	78	17	77	2.31	75	0	76	-2	76	-3	82
1282	15515215	2042	207	79	-0.11	82	0.00	84	9	77	11	77	2.23	74	2	76	4	75	-2	82
	31114681	2042	51	79	0.19	84	0.07	86	21	78	11	77	2.35	74	0	72	-2	72	3	81
1284	15514058	2041	1015	77	-0.64	81	-0.17	84	-4	76	15	75	2.36	72	4	74	4	73	1	81
	15514209	2041	839	74	-0.32	78	-0.13	81	3	73	14	72	1.85	69	2	70	1	70	-2	78
	31114204	2041	-10	75	0.04	79	0.00	82	8	74	8	73	2.01	71	2	71	0	71	7	79
1287	11115628	2039	55	79	0.02	83	-0.06	85	9	78	4	78	1.89	75	3	76	1	75	6	83
	15514147	2039	-104	80	-0.08	83	0.02	85	-1	79	6	78	1.84	76	3	77	3	77	5	83
	31113667	2039	881	73	-0.21	77	-0.02	80	11	72	21	71	1.99	68	-4	69	-2	69	-5	76
1290	15515207	2038	-252	74	0.01	78	0.03	80	6	72	8	72	1.78	69	2	70	2	70	0	77
	15516029	2038	1014	78	-0.23	81	-0.09	83	13	76	20	76	1.72	73	-5	74	-4	74	-4	81
	31119397	2038	387	68	0.09	73	0.06	76	21	67	20	66	2.08	63	-5	64	-6	63	-1	72
	61216071	2038	517	71	-0.15	74	0.03	77	10	69	21	69	2.47	66	-1	67	-2	66	0	74
1294	15514207	2037	1338	74	-0.66	78	-0.24	81	-4	72	17	72	1.82	69	1	70	1	69	0	77
	31115411	2037	244	60	-0.12	63	-0.13	66	9	59	6	58	1.36	55	1	56	2	55	-3	63
1296	15515216	2036	154	64	-0.02	66	-0.01	68	12	62	11	62	1.88	60	-1	59	0	58	-1	65
1297	12115350	2034	41	72	0.04	76	0.03	79	10	71	7	70	1.97	67	2	68	1	68	3	75
	15514081	2034	837	76	-0.34	80	-0.14	82	2	75	13	74	2.07	72	2	73	1	72	3	79
	15516039	2034	1157	77	-0.44	80	-0.14	83	2	75	20	75	1.86	72	-2	73	-2	72	0	80
1300	37313021	2033	475	77	-0.12	81	-0.09	83	11	76	12	75	1.73	72	-1	74	-2	73	0	80

（续）

序号	牛号	GCPI	产奶量		乳脂率		乳蛋白率		乳脂量		乳蛋白量		体细胞评分		体型总分		泌乳系统评分		肢蹄评分	
			GEBV (kg)	r^2 (%)	GEBV (%)	r^2 (%)	GEBV (%)	r^2 (%)	GEBV (kg)	r^2 (%)	GEBV (kg)	r^2 (%)	GEBV	r^2 (%)	GEBV (kg)	r^2 (%)	GEBV (%)	r^2 (%)	GEBV (%)	r^2 (%)
1301	12115349	2032	219	71	-0.21	75	0.01	78	-4	69	13	69	2.03	66	3	66	4	65	0	74
	21214056	2032	-2	77	-0.01	80	-0.01	83	11	75	8	75	2.19	72	3	73	1	72	2	80
	37314006	2032	670	72	-0.27	76	-0.13	79	5	70	12	70	1.92	67	2	67	1	67	-2	75
1304	15514095	2031	405	79	-0.03	82	-0.05	84	14	77	9	77	2.30	74	2	75	2	75	-1	82
	21216012	2031	1043	79	-0.39	82	-0.12	84	14	77	22	77	2.40	74	-3	76	-2	75	-4	82
1306	61216083	2029	287	74	-0.14	77	0.01	80	1	72	12	72	2.10	69	2	70	2	69	2	77
1307	37313041	2027	-296	77	0.08	80	0.03	83	4	75	-1	75	1.53	72	5	73	3	72	2	80
1308	15516025	2026	464	79	-0.21	82	-0.05	84	3	77	13	77	1.33	75	-1	75	0	75	-5	81
1309	31114690	2024	-46	83	0.01	86	-0.14	88	5	81	-6	81	1.69	78	4	79	10	79	0	85
1310	15514208	2022	918	73	-0.39	77	-0.14	80	0	71	13	71	1.51	68	-1	69	0	68	-1	77
	15516032	2022	679	78	-0.21	82	-0.06	84	8	77	16	77	1.88	74	-2	75	0	74	-3	81
	21213004	2022	1084	76	-0.27	80	-0.08	82	9	74	23	74	1.74	71	-5	72	-4	72	-7	79
1313	15514163	2021	899	76	-0.24	80	-0.06	82	8	74	21	74	1.96	71	-5	72	-3	72	-2	79
	15516027	2021	743	78	-0.12	81	-0.08	84	13	76	16	76	1.66	74	-4	74	-3	74	-3	81
	15516030	2021	741	79	-0.37	82	-0.17	85	0	78	8	77	1.74	75	2	76	2	75	1	82
1316	14114057	2020	-331	81	0.31	84	0.05	86	21	79	4	79	2.11	76	0	78	2	77	0	84
1317	15516016	2019	367	80	-0.27	84	-0.12	86	-2	79	4	79	1.92	76	5	77	6	77	0	83
1318	61216054	2014	-197	65	0.11	69	0.14	71	7	63	14	62	1.82	60	0	60	0	60	-4	68
1319	11121566	2012	752	70	-0.22	74	-0.02	77	13	68	22	68	2.20	65	-4	66	-4	66	-3	74
1320	37316004	2010	143	75	0.11	79	0.00	82	14	73	8	73	1.71	70	-1	70	-2	69	1	77
1321	15515202	2005	384	75	-0.10	79	-0.09	82	10	74	4	73	2.31	71	3	71	3	71	2	78
	31119396	2005	-60	74	0.20	78	-0.04	81	11	73	1	72	2.02	69	2	71	5	71	-1	78

（续）

序号	牛号	GCPI	产奶量		乳脂率		乳蛋白率		乳脂量		乳蛋白量		体细胞评分		体型总分		泌乳系统评分		肢蹄评分	
			GEBV (kg)	r^2 (%)	GEBV (%)	r^2 (%)	GEBV (%)	r^2 (%)	GEBV (kg)	r^2 (%)	GEBV (kg)	r^2 (%)	GEBV	r^2 (%)	GEBV (kg)	r^2 (%)	GEBV (%)	r^2 (%)	GEBV (%)	r^2 (%)
1323	15515208	2003	-42	70	-0.11	75	-0.07	78	0	69	-1	68	2.22	65	7	66	5	65	7	74
1324	21216002	2001	12	73	0.09	77	0.07	80	10	71	10	71	1.45	68	-4	68	-2	68	-3	76
1325	61218097	1999	478	73	-0.25	76	-0.03	79	7	71	18	71	1.76	68	-4	69	-3	68	-5	76
1326	15514091	1997	352	75	-0.21	79	-0.06	82	-1	74	9	73	1.86	71	1	71	1	71	1	78
1327	61218096	1995	290	65	-0.14	68	-0.02	71	10	63	15	63	1.88	61	-3	61	-2	61	-4	68
1328	61216048	1994	-271	62	0.30	66	0.08	69	15	61	5	61	1.77	58	-1	58	0	58	-3	65
1329	15516003	1993	47	74	0.08	78	-0.04	81	11	73	3	72	1.64	69	-1	72	-1	72	3	80
1330	31114688	1991	165	81	-0.08	84	-0.20	87	4	79	-6	79	1.56	76	3	76	7	76	1	83
1331	11120528	1990	282	73	-0.06	76	-0.03	79	12	71	11	71	2.56	68	-1	69	0	68	1	76
1332	12117386	1988	224	80	0.07	83	0.05	85	20	78	15	78	2.77	75	-1	76	-4	76	1	82
	15514038	1988	701	77	-0.33	81	-0.04	83	0	76	16	75	2.09	73	-1	74	0	73	-4	81
	21215012	1988	-43	73	0.00	77	-0.01	80	5	72	3	71	1.88	68	1	69	2	69	1	77
1335	15514139	1987	795	78	-0.21	81	-0.08	84	10	76	14	76	2.36	73	-1	74	-2	73	-1	81
	15514149	1987	548	77	-0.23	81	-0.04	83	0	76	15	76	2.08	73	-2	74	0	74	0	81
1337	15514150	1985	-150	77	0.04	81	0.04	83	1	76	4	75	1.51	73	3	74	3	73	-6	80
1338	13214042	1984	943	79	-0.33	82	-0.05	84	3	77	21	77	2.16	74	-3	75	-2	75	-5	82
1339	11113580	1981	-45	76	0.04	79	0.08	82	8	74	12	74	2.40	71	-1	71	-1	71	1	78
	12113289	1981	70	75	-0.20	79	-0.11	82	-7	73	-5	73	1.67	70	7	71	4	70	7	78
1341	15514088	1980	680	80	-0.20	83	-0.10	85	7	79	14	78	1.93	76	-3	77	-2	77	-3	83
1342	15516059	1978	34	72	0.18	76	-0.01	79	18	70	6	70	2.15	67	0	67	0	67	-3	75
1343	15514050	1977	1105	77	-0.40	81	-0.14	83	9	76	16	75	2.47	73	-1	74	0	73	-6	80
	37114986	1977	-329	73	0.04	77	-0.03	80	0	71	-3	70	1.98	67	6	68	4	68	4	76

（续）

序号	牛号	GCPI	产奶量		乳脂率		乳蛋白率		乳脂量		乳蛋白量		体细胞评分		体型总分		泌乳系统评分		肢蹄评分	
			GEBV (kg)	r^2 (%)	GEBV (%)	r^2 (%)	GEBV (%)	r^2 (%)	GEBV (kg)	r^2 (%)	GEBV (kg)	r^2 (%)	GEBV	r^2 (%)	GEBV (kg)	r^2 (%)	GEBV (%)	r^2 (%)	GEBV (%)	r^2 (%)
1345	21213003	1975	1118	76	-0.37	79	-0.19	82	6	74	18	74	1.64	71	-4	72	-4	72	-6	79
1346	15514127	1973	-391	77	0.35	81	0.05	83	18	75	3	75	2.08	72	1	73	-2	73	-1	80
1347	37313014	1971	248	77	-0.17	80	-0.05	83	2	75	5	75	1.88	72	1	74	4	73	-4	81
1348	12114347	1967	-2	70	-0.07	74	-0.04	77	2	68	2	68	2.07	65	3	65	4	65	-1	73
1349	15515212	1965	-217	70	0.10	75	0.01	78	9	69	2	68	1.99	65	1	66	0	65	1	74
	31113218	1965	-399	78	0.26	81	0.03	84	16	76	0	76	2.00	73	-1	73	-2	73	5	80
	61216050	1965	-119	63	-0.11	68	0.00	71	-3	62	6	61	1.52	58	0	58	1	58	-3	66
1352	37114989	1963	618	73	-0.53	77	-0.16	80	-12	71	7	71	1.89	68	3	68	3	68	1	76
	61216073	1963	375	70	-0.21	75	0.05	78	3	68	19	68	2.22	65	-2	66	-2	65	-5	74
1354	11113569	1960	367	78	-0.05	82	-0.09	84	15	77	9	77	2.12	74	-4	74	-4	74	2	81
	13214033	1960	802	77	-0.39	81	-0.08	83	-1	76	16	75	2.15	73	0	74	-2	73	-3	80
1356	61216070	1957	-156	72	-0.01	76	0.02	79	1	71	8	70	1.98	68	0	68	2	68	-3	75
1357	15514152	1954	664	76	-0.34	80	-0.09	82	-3	74	13	74	1.64	71	-3	73	-3	72	-2	79
1358	15514086	1953	22	76	-0.02	79	-0.01	82	1	74	3	74	1.94	71	2	72	2	71	-2	79
1359	21214011	1949	194	74	-0.21	78	-0.11	81	1	73	1	72	2.17	69	4	70	3	69	1	77
1360	15514151	1945	1010	77	-0.59	81	-0.13	83	-3	75	17	75	1.77	72	-4	73	-3	73	-4	80
	31117446	1945	392	77	-0.35	80	-0.07	82	0	75	12	75	2.04	73	-3	73	0	72	-3	79
1362	11114663	1943	139	73	-0.20	77	0.01	79	-7	71	11	70	2.09	68	0	68	1	67	-1	75
	21215019	1943	899	64	-0.34	69	-0.15	73	7	62	14	62	2.53	59	-1	59	-2	58	-2	68
	37313022	1943	551	78	-0.21	81	-0.13	84	7	76	10	76	2.13	73	-2	74	-2	74	-2	81
1365	15514056	1942	1066	78	-0.46	82	-0.11	84	0	77	19	76	2.26	73	-2	75	-1	74	-9	81
	37313015	1942	-662	77	0.27	81	0.02	83	4	76	-9	75	1.76	73	4	73	7	73	-1	80

（续）

序号	牛号	GCPI	产奶量		乳脂率		乳蛋白率		乳脂量		乳蛋白量		体细胞评分		体型总分		泌乳系统评分		肢蹄评分	
			GEBV（kg）	r^2（%）	GEBV（%）	r^2（%）	GEBV（%）	r^2（%）	GEBV（kg）	r^2（%）	GEBV（kg）	r^2（%）	GEBV	r^2（%）	GEBV（kg）	r^2（%）	GEBV（%）	r^2（%）	GEBV（%）	r^2（%）
1367	12113302	1941	-44	74	0.04	78	-0.03	81	8	72	1	72	1.96	69	0	68	-1	68	2	76
1368	11113571	1940	556	77	-0.46	81	-0.10	83	-4	76	13	75	2.76	73	1	73	1	73	2	80
	15516038	1940	705	78	-0.30	81	-0.15	83	2	76	8	76	1.79	73	-2	74	-3	74	1	81
1370	31119464	1939	128	76	0.12	80	-0.02	82	17	74	7	74	1.90	71	-5	72	-5	72	-1	79
1371	11120519	1938	544	70	-0.25	74	-0.18	77	9	69	6	68	2.11	66	1	66	-3	66	1	74
1372	15515213	1937	-121	73	0.04	77	-0.04	80	8	71	0	71	2.27	68	2	68	1	68	2	76
	21215017	1937	350	78	-0.16	81	0.07	84	6	77	20	77	2.76	74	-4	75	-3	74	-1	81
	31113213	1937	543	78	-0.35	81	-0.19	84	0	77	5	76	2.39	75	0	74	2	74	4	81
1375	15514031	1929	544	78	-0.34	81	-0.06	84	-7	76	11	76	2.04	73	1	74	1	74	-5	81
1376	21215021	1927	704	68	-0.33	73	-0.10	76	6	66	14	66	2.38	63	-4	63	-3	62	-2	71
1377	15514096	1926	-563	76	0.34	79	0.14	82	12	74	3	74	1.75	71	-3	72	-3	72	-1	79
1378	13214124	1925	-452	77	0.33	81	0.12	83	13	75	4	75	1.81	72	-3	73	-3	73	-3	80
	61216072	1925	-182	73	0.05	77	-0.04	79	8	72	2	71	1.56	68	-3	69	-2	68	-2	76
1380	15514156	1923	574	77	-0.40	81	-0.03	83	-7	76	16	75	2.02	72	-3	74	-4	73	2	80
	15514211	1923	1051	74	-0.61	78	-0.18	81	-10	72	14	72	1.96	69	-2	70	1	69	-5	77
1382	11113563	1922	713	76	-0.20	80	-0.12	82	15	75	14	75	2.84	72	-3	72	-3	72	-4	79
	15514065	1922	1322	76	-0.53	80	-0.12	82	1	74	26	74	2.17	71	-6	72	-7	72	-8	79
1384	15515205	1921	185	72	-0.11	76	-0.06	79	7	70	8	70	2.35	67	-1	68	0	67	-5	75
1385	21213002	1919	737	75	-0.30	79	-0.10	81	0	74	15	73	1.95	71	-4	72	-3	71	-5	78
	37313002	1919	-555	74	0.04	78	-0.06	81	-4	72	-10	72	1.83	69	3	69	6	69	4	77
1387	15514074	1917	-136	76	-0.10	79	0.04	82	-5	74	6	74	1.94	71	-1	71	-1	71	3	79
1388	15514112	1915	-215	77	0.15	81	0.11	83	8	76	9	75	1.88	73	-4	74	-5	73	-1	80

（续）

序号	牛号	GCPI	产奶量		乳脂率		乳蛋白率		乳脂量		乳蛋白量		体细胞评分		体型总分		泌乳系统评分		肢蹄评分	
			GEBV (kg)	r^2 (%)	GEBV (%)	r^2 (%)	GEBV (%)	r^2 (%)	GEBV (kg)	r^2 (%)	GEBV (kg)	r^2 (%)	GEBV	r^2 (%)	GEBV (kg)	r^2 (%)	GEBV (%)	r^2 (%)	GEBV (%)	r^2 (%)
1389	37313010	1913	288	71	-0.21	75	-0.12	77	-1	69	1	69	1.56	66	-2	66	0	66	-1	73
1390	31119465	1912	-351	81	0.15	84	0.03	86	4	79	-2	79	1.33	77	0	78	0	77	-5	83
1391	21216016	1909	-414	68	0.00	72	-0.01	75	1	66	0	65	1.67	62	-2	63	0	62	0	71
1392	15514036	1908	535	77	-0.21	81	-0.08	83	2	76	12	75	1.99	72	-3	73	-2	73	-7	80
1393	21215016	1907	92	72	-0.22	76	-0.15	79	0	70	-3	70	1.97	67	2	67	2	66	1	75
	61216056	1907	203	69	-0.18	73	0.01	76	4	67	12	67	2.10	64	-4	64	-4	64	-3	72
1395	37313013	1904	-302	76	0.05	79	-0.06	82	2	74	-6	74	1.78	71	1	72	3	71	2	79
1396	15514140	1902	226	78	-0.04	81	-0.09	84	7	77	3	76	2.10	74	-2	74	-3	74	2	81
1397	15514098	1901	40	74	0.02	78	0.06	80	8	72	10	72	1.71	69	-5	69	-7	69	-3	77
	21215022	1901	113	75	0.01	79	-0.08	81	10	74	3	74	2.46	72	0	71	-3	71	2	78
	37313040	1901	-187	73	0.05	77	0.06	80	5	72	5	71	2.02	69	-3	69	-3	68	1	77
1400	11114608	1899	358	72	-0.16	77	-0.12	80	5	71	7	70	2.04	66	-3	68	-1	68	-6	77
1401	12113286	1898	343	70	-0.10	74	-0.02	78	12	68	11	68	2.08	65	-5	65	-5	65	-5	74
	31113225	1898	-200	77	-0.09	81	-0.05	83	-7	76	-2	75	1.67	72	2	73	3	72	-1	80
1403	15516023	1896	215	79	-0.38	82	-0.12	84	-13	77	2	77	1.49	75	0	75	1	75	-2	82
1404	37314029	1892	-262	70	0.16	74	0.05	77	9	68	4	68	1.68	65	-5	65	-3	64	-4	73
1405	12113287	1891	73	75	-0.14	79	-0.13	81	-4	73	-5	73	1.91	70	4	71	1	70	3	78
	15514164	1891	497	75	-0.54	79	-0.06	81	-17	74	12	73	1.96	71	-2	71	-2	71	1	78
1407	15516034	1890	734	76	-0.39	80	-0.15	82	-3	75	12	74	1.82	72	-4	72	-5	72	-3	79
1408	15516031	1889	424	79	-0.19	82	-0.05	85	0	78	9	78	1.77	75	-5	76	-4	75	-4	82
1409	31113214	1887	1015	74	-0.65	78	-0.11	81	-6	72	20	71	2.92	68	-2	69	-3	68	-1	77
1410	15514039	1886	560	77	-0.40	81	-0.11	83	-7	76	8	75	2.26	72	0	74	-1	73	0	81

（续）

序号	牛号	GCPI	产奶量		乳脂率		乳蛋白率		乳脂量		乳蛋白量		体细胞评分		体型总分		泌乳系统评分		肢蹄评分	
			GEBV（kg）	r^2（%）	GEBV（%）	r^2（%）	GEBV（%）	r^2（%）	GEBV（kg）	r^2（%）	GEBV（kg）	r^2（%）	GEBV	r^2（%）	GEBV（kg）	r^2（%）	GEBV（%）	r^2（%）	GEBV（%）	r^2（%）
1411	11115652	1885	545	83	-0. 38	87	-0. 13	89	-4	82	8	81	2. 60	78	1	78	1	77	-2	85
1412	13214044	1884	-864	74	0. 02	78	0. 06	81	-15	72	-13	72	1. 52	69	7	70	4	69	7	78
1413	15514079	1883	-40	74	0. 00	77	0. 04	80	4	72	7	72	1. 62	69	-5	69	-7	69	-1	77
1414	15514129	1880	221	75	-0. 09	79	0. 03	82	7	74	14	73	1. 88	71	-7	72	-7	71	-6	79
1415	15514143	1879	182	76	-0. 01	80	0. 05	82	12	74	14	74	1. 76	71	-9	72	-9	72	-7	79
1416	37314035	1876	618	75	-0. 31	79	-0. 23	82	-1	73	2	73	1. 85	70	-1	71	1	70	-6	78
1417	61216046	1871	-728	72	-0. 04	76	0. 04	78	-12	71	-3	71	2. 07	69	4	68	1	68	6	75
1418	37313009	1870	-380	76	0. 03	80	0. 00	82	-9	75	-9	74	1. 68	72	4	72	2	72	4	79
1419	15516037	1868	1293	75	-0. 51	78	-0. 20	81	0	73	18	73	2. 11	70	-8	71	-5	70	-7	78
1420	15514104	1867	-220	73	-0. 03	77	0. 04	80	-1	71	4	71	1. 54	68	-5	69	-5	68	-1	76
1421	31113677	1866	119	77	-0. 03	80	-0. 04	82	3	75	5	75	1. 99	73	-3	73	-4	73	-2	79
1422	15516033	1865	1082	75	-0. 40	79	-0. 19	82	1	74	17	73	1. 95	71	-7	72	-8	71	-6	79
	21215018	1865	-108	75	-0. 21	78	0. 05	81	-7	73	8	73	2. 36	70	-2	71	1	70	-3	77
1424	12115354	1864	-8	74	-0. 08	77	-0. 05	80	7	72	5	72	2. 10	69	-5	69	-4	69	-3	77
	21215013	1864	255	69	-0. 11	73	-0. 04	76	11	67	11	67	2. 37	64	-7	64	-5	64	-5	72
1426	15514126	1863	-406	74	0. 11	78	0. 06	81	5	73	3	72	1. 17	70	-7	71	-6	70	-4	78
1427	15515206	1861	-424	68	-0. 05	69	0. 02	71	-10	67	-1	66	1. 57	65	-2	61	-1	61	1	67
1428	15515218	1858	-407	73	-0. 05	78	-0. 06	81	-4	71	-8	71	1. 80	68	2	68	1	68	1	77
1429	11120531	1856	-614	72	0. 08	77	0. 12	79	-2	71	1	70	2. 49	68	1	68	0	68	0	76
1430	15514054	1855	-484	76	0. 03	79	0. 02	82	-8	74	-9	74	1. 98	71	4	72	2	71	4	79
1431	65117348	1854	72	66	-0. 27	70	0. 01	73	-10	64	6	64	1. 97	61	-2	61	-1	61	-4	69
1432	15514122	1853	678	74	-0. 33	78	-0. 15	80	2	72	9	72	1. 98	69	-5	70	-7	69	-2	77

（续）

序号	牛号	GCPI	产奶量		乳脂率		乳蛋白率		乳脂量		乳蛋白量		体细胞评分		体型总分		泌乳系统评分		肢蹄评分	
			GEBV (kg)	r^2 (%)	GEBV (%)	r^2 (%)	GEBV (%)	r^2 (%)	GEBV (kg)	r^2 (%)	GEBV (kg)	r^2 (%)	GEBV	r^2 (%)	GEBV (kg)	r^2 (%)	GEBV (%)	r^2 (%)	GEBV (%)	r^2 (%)
1433	12113313	1851	238	79	-0.26	82	-0.13	84	-5	77	1	77	2.18	75	-1	75	0	75	0	81
1434	11120529	1849	458	73	-0.36	77	-0.03	80	0	72	15	71	2.98	68	-2	69	-2	69	-6	77
1435	12116367	1844	-6	71	-0.29	75	-0.08	78	-13	69	-1	69	2.26	66	3	65	1	65	1	73
	15516036	1844	662	76	-0.36	80	-0.18	82	-6	74	8	74	1.68	71	-5	72	-4	72	-6	79
1437	61216053	1843	-551	74	-0.01	77	0.00	80	-8	73	-5	73	2.34	71	3	70	-2	69	10	76
1438	15514082	1841	-100	75	-0.01	79	0.01	82	6	74	4	73	1.56	71	-6	71	-8	71	-3	79
1439	15514090	1840	-432	74	0.11	78	0.15	81	4	73	7	72	1.82	69	-6	70	-5	70	-6	77
1440	15514093	1838	401	78	-0.24	82	-0.10	84	-2	77	5	76	2.67	74	0	74	-1	74	0	81
	15514137	1838	-116	79	0.07	82	-0.03	84	3	77	-2	77	2.24	75	-1	75	-2	75	0	81
1442	15514157	1836	594	76	-0.47	80	-0.12	82	-11	74	10	74	1.87	71	-4	72	-4	71	-3	79
1443	12113310	1830	-486	64	0.30	68	0.00	71	7	62	-6	62	1.67	59	-4	58	-3	57	-1	66
1444	15514083	1826	422	79	-0.31	83	-0.13	85	-5	78	7	78	2.36	75	-3	76	-3	76	-2	83
1445	37313043	1821	-547	73	0.01	77	0.15	80	-4	71	1	70	2.00	67	-3	68	-2	67	-3	76
1446	15514154	1815	283	77	-0.32	81	-0.06	83	-1	76	7	75	2.22	73	-4	73	-5	73	-4	80
1447	12114339	1812	363	67	-0.16	72	-0.06	75	7	66	10	65	2.89	63	-6	62	-7	62	2	70
1448	31119392	1811	-225	75	-0.12	79	-0.13	81	-5	74	-8	73	2.15	71	1	72	0	72	3	78
1449	15514158	1807	-119	78	-0.02	81	0.03	83	0	76	3	76	2.31	74	-4	74	-4	74	-1	80
1450	21213001	1802	43	74	-0.18	78	-0.16	81	-5	73	-10	72	1.44	70	-1	70	0	70	-4	78
1451	12113308	1794	175	74	-0.28	78	0.03	81	-10	73	10	72	2.26	70	-6	69	-5	68	-3	76
1452	15516035	1791	323	78	-0.18	82	-0.13	84	1	77	2	77	2.03	74	-6	75	-6	75	-1	81
1453	12113319	1790	98	70	-0.24	74	-0.02	77	-7	68	7	68	2.12	65	-6	65	-4	65	-5	74
	37313008	1790	65	69	-0.11	74	-0.07	77	-4	68	-1	67	2.31	64	-2	64	-4	64	1	72

（续）

序号	牛号	GCPI	产奶量		乳脂率		乳蛋白率		乳脂量		乳蛋白量		体细胞评分		体型总分		泌乳系统评分		肢蹄评分	
			GEBV（kg）	r^2（%）	GEBV（%）	r^2（%）	GEBV（%）	r^2（%）	GEBV（kg）	r^2（%）	GEBV（kg）	r^2（%）	GEBV	r^2（%）	GEBV（kg）	r^2（%）	GEBV（%）	r^2（%）	GEBV（%）	r^2（%）
1455	12113305	1786	-287	62	0.02	67	-0.09	70	0	60	-6	59	2.08	56	-2	55	-3	55	1	64
1456	12115352	1785	-242	72	-0.12	76	0.02	79	-5	70	2	70	2.07	67	-2	68	-1	67	-11	76
1457	15514073	1782	-203	78	-0.22	82	-0.02	84	-9	77	1	76	2.31	74	-3	75	-2	74	-1	81
1458	15514108	1779	-143	75	0.17	78	0.04	81	12	73	6	73	1.69	70	-11	70	-10	70	-9	78
1459	13214101	1777	-597	73	0.12	77	0.15	80	1	71	4	71	1.75	68	-7	69	-8	69	-4	77
1460	15514155	1775	-427	75	0.02	79	0.05	81	-5	73	-3	73	2.06	70	-3	71	-5	71	1	78
	61218101	1775	-313	75	0.03	78	0.08	80	2	74	5	73	2.52	71	-6	72	-6	72	-1	78
1462	15514041	1769	-581	72	-0.22	77	-0.06	80	-22	71	-14	70	1.46	67	3	68	0	68	4	76
	61216076	1769	-296	75	-0.33	78	0.02	81	-19	74	1	73	3.18	72	3	71	-1	71	7	78
1464	15515211	1767	360	73	-0.59	77	-0.16	80	-15	71	0	71	2.57	68	-1	68	-1	68	2	76
1465	15514109	1762	-814	78	0.18	81	0.13	83	1	76	-2	76	1.82	73	-6	74	-6	74	-4	81
1466	12114346	1757	-220	71	-0.02	75	-0.08	78	2	69	-4	69	2.53	66	-2	66	-4	65	-1	74
1467	31113675	1750	-468	72	0.00	76	0.01	79	-6	70	-3	70	2.22	67	-4	67	-4	66	0	75
1468	12114337	1745	-456	72	-0.03	75	-0.04	78	-6	70	-9	70	1.86	67	-2	66	-3	66	-1	74
	37313042	1745	-720	71	0.23	75	0.04	78	1	69	-8	69	2.15	66	-3	66	-3	66	-3	74
1470	15514075	1738	-401	77	-0.08	81	0.07	83	-12	76	-1	75	2.01	73	-6	73	-3	73	-3	80
1471	15516017	1730	-376	81	-0.15	84	0.01	86	-13	80	-5	80	2.25	77	-1	78	-2	78	0	84
1472	37313003	1718	-356	76	-0.07	79	-0.11	82	-13	75	-15	74	1.91	72	1	72	1	72	-1	79
1473	31113215	1652	-918	76	-0.19	80	0.06	83	-23	74	-8	74	1.44	71	-5	71	-5	70	-3	79
1474	12113303	1637	-631	71	-0.10	75	-0.03	78	-15	69	-12	69	2.35	66	-3	66	-2	65	-2	73
1475	15514125	1635	-256	77	-0.47	81	-0.06	83	-28	76	-4	76	2.26	73	-4	74	-3	73	-2	80
1476	12113312	1605	-993	64	-0.16	68	-0.10	71	-25	62	-22	61	1.67	58	-2	58	-1	57	1	66

注：* 表示种公牛的曾用牛号。

3 娟姗牛体型评定结果

表3－1按照外貌等级排序，外貌等级相同的种公牛按照牛号排序。

表3－1 娟姗牛体型评定结果

序号	牛号	出生日期	外貌等级	评分
1	11114001	2014年1月1日	特级	86
2	11114666	2014年11月14日	特级	85
3	11114667	2014年11月20日	特级	85
4	11118001	2018年7月13日	特级	88
5	11118003	2018年7月29日	特级	86
6	11119006	2019年5月1日	特级	90
7	11119007	2019年5月1日	特级	93
8	11119008	2019年12月1日	特级	90
9	21214010	2014年4月20日	特级	85
10	21214012	2014年4月22日	特级	89
11	21214015	2014年4月28日	特级	87
12	21216014	2016年4月5日	特级	88
13	21218023	2018年6月19日	特级	96
14	21218050	2018年10月18日	特级	96
15	21219014	2019年9月16日	特级	96
16	21219024	2019年10月11日	特级	91
17	21220018	2020年8月7日	特级	91
18	21220019	2020年8月7日	特级	90
19	41117002	2017年3月25日	特级	90
20	41117004	2017年9月14日	特级	87
21	41117006	2017年9月28日	特级	88
22	42110023	2010年9月16日	特级	88
23	42110027	2010年10月8日	特级	87.7
24	51110843	2010年10月5日	特级	90
25	51114860	2014年12月29日	特级	90
26	51115864	2015年11月29日	特级	91

(续)

序号	牛号	出生日期	外貌等级	评分
27	51117868	2017 年 1 月 17 日	特级	91
28	51117869	2017 年 3 月 12 日	特级	93
29	51119873	2019 年 9 月 23 日	特级	93
30	65118751	2018 年 2 月 20 日	特级	90
31	65118752	2018 年 3 月 10 日	特级	88
32	65118753	2018 年 3 月 12 日	特级	90
33	65118755	2018 年 3 月 18 日	特级	89
34	65118758	2018 年 8 月 11 日	特级	91
35	65118760	2018 年 8 月 10 日	特级	90
36	11103450	2003 年 1 月 29 日	一级	83
37	11103458	2003 年 2 月 11 日	一级	83
38	11103467	2003 年 2 月 22 日	一级	84
39	11118002	2018 年 7 月 21 日	一级	84
40	11118005	2018 年 8 月 6 日	一级	84
41	21218024	2018 年 6 月 19 日	一级	84

4 种公牛站代码信息

《概要》中，“牛号”的前三位为其所在种公牛站代码。根据表 4－1 可查询到任一头种公牛所在种公牛站的联系方式。

表 4－1 种公牛站代码信息

序号	种公牛站代码	单位名称	联系人	手机	固定电话
1	111	北京首农畜牧发展有限公司奶牛中心	王振刚	13911216458	010－62948056
2	121	天津天食牛种业有限公司	汪　湛	13820021829	022－86842120
3	131	河北品元生物科技有限公司	王晓宇	18031997751	—
4	132	秦皇岛农瑞秦牛畜牧有限公司	周云松	13463399189	0335－3167622
5	133	亚达艾格威（唐山）畜牧有限公司	侯莛褒	13152502116	010－64354166
6	141	山西省畜牧遗传育种中心	杨　琳	18735375417	—
7	155	内蒙古赛科星繁育生物技术（集团）股份有限公司	孙　伟	15248147695	0471－2383201
8	156	内蒙古中农兴安种牛科技有限公司	张　强	15764359111	—
9	212	大连金弘基种畜有限公司	成自强	15998552613	0411－87279067
10	311	上海奶牛育种中心有限公司	杨志强	13816568486	—
11	371	山东省种公牛站有限责任公司	翟向玮	13361026107	0531－87227801
12	373	山东奥克斯畜牧种业有限公司	赵秀新	18678659772	0531－55618997
13	411	河南省鼎元种牛育种有限公司	高留涛	19838027293	0371－60210130
14	421	武汉兴牧生物科技有限公司	胡立昌	17762579091	027－87023599
15	511	成都汇丰动物育种有限公司	曹　伟	15198076628	028－84790654
16	531	云南省种畜繁育推广中心	毛翔光	13888233030	0871－67393362
17	532	大理白族自治州家畜繁育指导站	李家友	13618806491	0872－2125332
18	612	西安市奶牛育种中心	卫利选	15009208406	029－82764399
19	651	新疆天山畜牧生物育种有限公司	谭世新	13999365500	0994－6566611

5

遗传评估结果分析

纵观国内外奶牛育种技术发展的经验，不断提高育种数据质量和规模、改进种牛育种值计算方法、提高育种值估计准确性和完善综合选择指数，是自主培育高可靠性、高遗传水平种公牛的必要技术措施。此次评估严格把关中国荷斯坦牛育种数据质量，为提高常规育种值估计和基因组选择的准确性奠定了基础。

5.1 基础数据情况

此次评估的中国荷斯坦牛育种数据包括五部分：一是中国奶业协会收集的来自全国 40 个 DHI 实验室的 200.5 万头中国荷斯坦牛生产性能测定数据 1989.0 万余条，分布在 3149 个奶牛场，参测群体的泌乳牛平均规模 910 头；二是中国奶牛体型鉴定员上报的 34.8 万余头一胎中国荷斯坦牛体型鉴定数据，分布于 1365 个奶牛场；三是中国荷斯坦牛基因组参考群体的 1.8 万余头中国荷斯坦牛基因组芯片数据；四是种公牛站提供的牛只系谱信息和待评估种公牛基因组芯片数据；五是来自加拿大奶业数据网（CDN）的荷斯坦牛系谱和同期估计育种值。

5.2 评估情况

此次常规遗传评估共评估出后裔验证种公牛 991 头，其中 394 头符合公布条件；基因组检测遗传评估共计评估公牛 4516 头，其中 1476 头符合公布条件。

5.2.1 后裔验证公牛

此次发布的后裔验证公牛 CPI 指数（中国奶牛性能指数）平均值为 1968 ± 306，产奶量估计育种值平均值为 316 ± 561kg（表 5 - 1）。后裔验证公牛的遗传评估结果百分位点详见表 5 - 2。我国种公牛后裔验证时间最短的约为 6 年，多数公牛在出生后 8 年才能获得一定数量的后裔成绩（图 5 - 1）；总体上，后裔验证种公牛 CPI 值逐步上升，2014 年至 2016 年出生的种公牛，虽获得后裔验证结果的不多，但遗传水平提升幅度较大；产奶量性状稳步提升，平均遗传进展约为 50kg/年；乳成分性状、体细胞评分及体型性状遗传水平趋于稳定。

表 5 - 1 此次发布后裔验证种公牛各性状及 CPI 估计值的平均值及标准差

项目	产奶量 (kg)	乳脂率 (%)	乳蛋白率 (%)	乳脂量 (kg)	乳蛋白量 (kg)	体细胞评分	体型总分	泌乳系统评分	肢蹄评分	CPI
平均数	316	9	8	-0.02	-0.02	2.99	3	2	4	1968
标准差	561	23	19	0.13	0.06	0.06	7	7	8	306

表 5 - 2 此次发布后裔验证种公牛各性状及 CPI 估计值的百分位数

分位点	产奶量 (kg)	乳脂率 (%)	乳蛋白率 (%)	乳脂量 (kg)	乳蛋白量 (kg)	体细胞评分	体型总分	泌乳系统评分	肢蹄评分	CPI
10%	960	0.14	0.05	39	32	2.95	12	11	14	2326
20%	750	0.09	0.03	26	23	2.97	7	7	8	2174

（续）

分位点	产奶量(kg)	乳脂率(%)	乳蛋白率(%)	乳脂量(kg)	乳蛋白量(kg)	体细胞评分	体型总分	泌乳系统评分	肢蹄评分	CPI
30%	602	0.04	0.01	18	17	2.98	5	5	6	2084
40%	443	0.01	0.00	12	11	2.99	3	3	5	2005
50%	282	-0.02	-0.02	7	8	3.00	2	2	3	1938
60%	161	-0.06	-0.03	4	4	3.02	1	0	1	1865
70%	21	-0.09	-0.05	-2	-1	3.04	-1	-2	0	1807
80%	-149	-0.12	-0.07	-9	-7	3.06	-3	-3	-3	1736
90%	-337	-0.18	-0.09	-17	-15	3.15	-5	-6	-5	1630

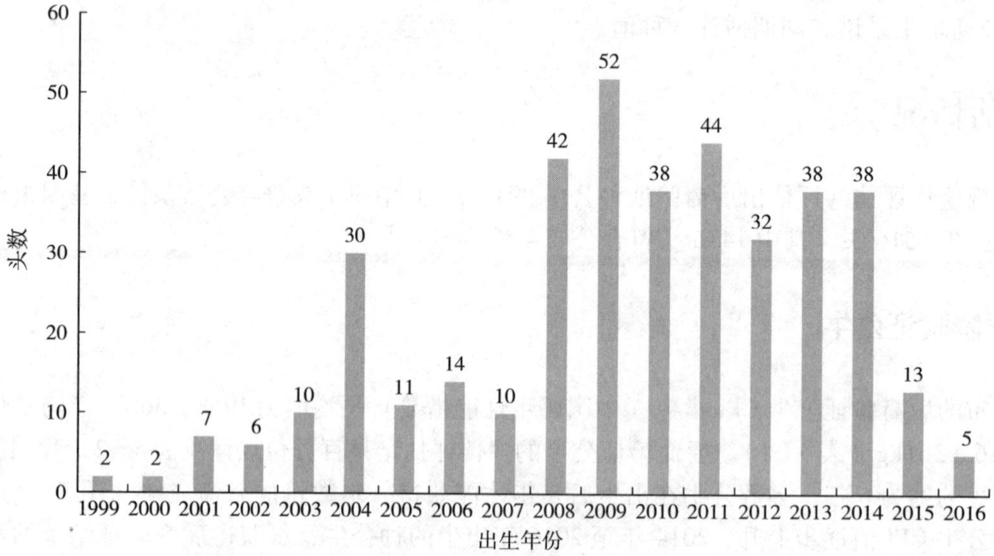

图5－1　此次发布后裔验证种公牛出生年度分布

5.2.2　基因组预测青年公牛

此次发布的基因组预测青年公牛 GCPI 指数（中国奶牛基因组选择性能指数）平均值为2328±238，产奶量估计育种值平均值为（845±557）kg（表5－3），青年公牛的遗传评估结果百分位点详见表5－4。总体上，我国青年公牛 GCPI 值逐步上升（图5－2），产奶量性状稳步提升（图5－3），平均遗传进展约为100kg/年；乳成分性状、体细胞评分及体型性状遗传水平趋于稳定。近五年来，平均每年有近150头出生的青年公牛参加基因组预测，详见图5－4。

表5－3　此次发布的基因组预测青年公牛各性状及CPI估计值的平均值及标准差

项目	产奶量(kg)	乳脂率(%)	乳蛋白率(%)	乳脂量(kg)	乳蛋白量(kg)	体细胞评分	体型总分	泌乳系统评分	肢蹄评分	GCPI
均值	845	0.06	0.03	34	28	1.98	3	3	1	2328
标准差	557	0.26	0.10	22	15	0.31	3	3	4	238

表 5-4 此次发布的基因组预测青年公牛各性状及 CPI 估计值的百分位数

分位点	产奶量 (kg)	乳脂率 (%)	乳蛋白率 (%)	乳脂量 (kg)	乳蛋白量 (kg)	体细胞评分	体型总分	泌乳系统评分	肢蹄评分	GCPI
10%	1553	0.41	0.16	63	47	1.58	7	7	5	2620
20%	1313	0.29	0.12	54	42	1.72	6	6	4	2542
30%	1142	0.20	0.08	46	37	1.81	5	5	2	2481
40%	1015	0.13	0.06	41	33	1.90	4	4	1	2417
50%	863	0.06	0.03	34	29	1.97	3	3	1	2360
60%	731	-0.01	0.00	27	25	2.05	2	2	0	2292
70%	581	-0.08	-0.03	20	20	2.13	2	1	-1	2198
80%	384	-0.16	-0.06	12	15	2.23	0	0	-2	2117
90%	115	-0.27	-0.11	4	8	2.36	-1	-1	-4	1994

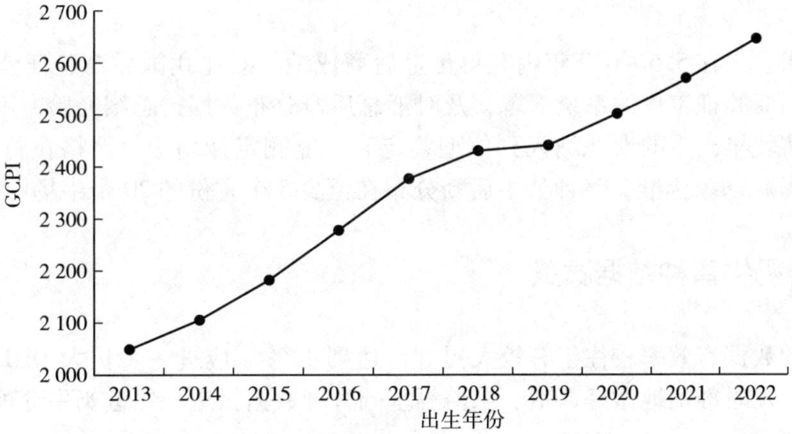

图 5-2 此次发布的基因组预测青年公牛 GCPI 遗传进展

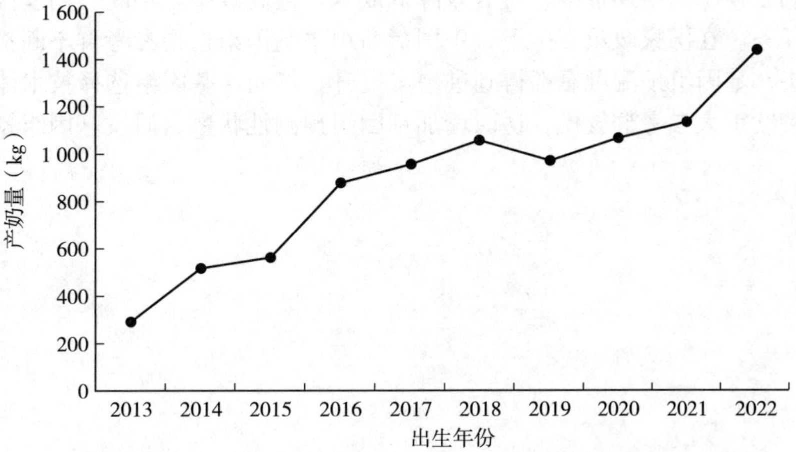

图 5-3 此次发布的基因组预测青年公牛 GCPI 遗传进展

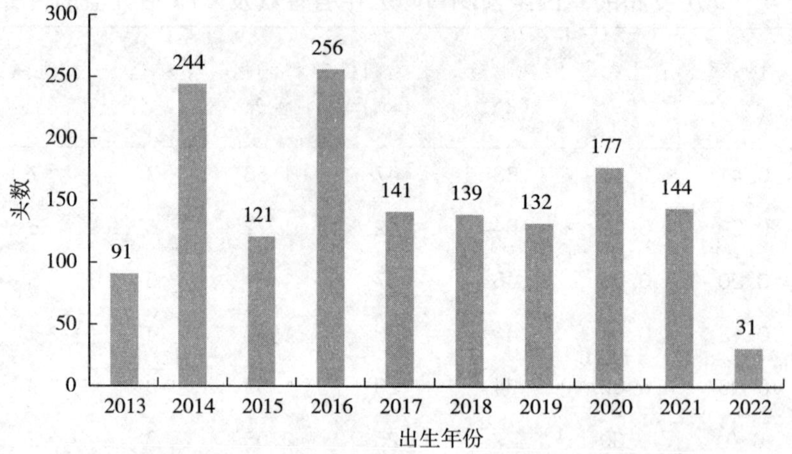

图5-4　此次评估公布的种公牛出生年度分布

5.3　展望

5.3.1　继续加快种公牛后裔测定工作进程

国际上一般要求公牛在5.5~6.0年内获得足量后裔成绩。对比我国后裔验证公牛的年龄，还需要进一步加强种公牛后裔验证工作的系统部署，及时汇总后裔分布数据，总结经验，不断扩大验证群体数量，确保第一时间将较早出生的女儿纳入到体型鉴定和性能测定计划中；严格执行《中国荷斯坦牛公牛后裔测定技术规程》国家标准，将种公牛后裔分布在至少5个省份的20个牛场中，每省至少3个场。

5.3.2　不断提升奶牛育种数据质量

此次遗传评估的数据有效率较往年有较大提升，达到42%。应进一步扩大DHI测定范围，规范采样和测定操作流程，及时准确地做好繁殖、系谱等基础育种数据报送，促进奶牛育种数据量质双升。

5.3.3　持续扩大奶牛基因组选择参考群体规模

基因组选择有利于种牛的早期选淘，可有效降低成本，提高效率。不断提高基因组预测可靠性是这一技术体系的核心任务。在国家政策支持下，中国荷斯坦牛基因组选择参考群不断扩大，此次评估参考群规模达到1.8万头，基因组预测可靠性得到进一步提升。然而，基因组选择技术体系依然存在巨大的发展空间，未来应持续扩大参考群规模，适时增加基因组预测性状数，研发基因组预测新模型等。

图书在版编目（CIP）数据

2022中国乳用种公牛遗传评估概要 / 农业农村部种业管理司，全国畜牧总站编. —北京：中国农业出版社，2022. 10

ISBN 978-7-109-30243-3

Ⅰ. ①2… Ⅱ. ①农… ②全… Ⅲ. ①乳牛-种公牛-遗传育种-评估-中国-2022 Ⅳ. ①S823. 02

中国版本图书馆CIP数据核字（2022）第222860号

2022中国乳用种公牛遗传评估概要
2022 ZHONGGUO RUYONG ZHONGGONGNIU YICHUAN PINGGU GAIYAO

中国农业出版社出版
地址：北京市朝阳区麦子店街18号楼
邮编：100125
责任编辑：司雪飞
版式设计：王 晨 责任校对：吴丽婷
印刷：中农印务有限公司
版次：2022年10月第1版
印次：2022年10月北京第1次印刷
发行：新华书店北京发行所
开本：880mm×1230mm 1/16
印张：9. 25
字数：280千字
定价：45. 00元

版权所有·侵权必究
凡购买本社图书，如有印装质量问题，我社负责调换。
服务电话：010-59195115 010-59194918